跨平台 App+ Web API 實戰

使用 Flutter 和 ASP.NET Core 開發尋寶遊戲

陳明山 (Bruce) ／著

以尋寶系統為範例，讓讀者從實際的系統學習 Flutter，
同時了解如何使用 JWT 與後台 Web API 進行溝通。

作　　　者：陳明山 (Bruce)
責任編輯：林楷倫

董 事 長：陳來勝
總 編 輯：陳錦輝

出　　　版：博碩文化股份有限公司
地　　　址：221 新北市汐止區新台五路一段 112 號 10 樓 A 棟
　　　　　　電話 (02) 2696-2869　傳真 (02) 2696-2867

發　　　行：博碩文化股份有限公司
郵撥帳號：17484299　戶名：博碩文化股份有限公司
博碩網站：http://www.drmaster.com.tw
讀者服務信箱：dr26962869@gmail.com
訂購服務專線：(02) 2696-2869 分機 238、519
（週一至週五 09:30 ～ 12:00；13:30 ～ 17:00）

版　　　次：2022 年 3 月初版一刷

建議零售價：新台幣 420 元
I S B N：978-626-333-058-0
律師顧問：鳴權法律事務所 陳曉鳴律師

國家圖書館出版品預行編目資料

跨平台 App+Web API 實戰：使用 Flutter 和
ASP.NET Core 開發尋寶遊戲 / 陳明山
(Bruce) 著 . -- 初版 . -- 新北市：博碩文化
股份有限公司, 2022.03
　面；　公分

ISBN 978-626-333-058-0(平裝)

1.CST: 系統程式 2.CST: 電腦程式設計

312.52　　　　　　　　　　　111003171

Printed in Taiwan

博碩粉絲團　歡迎團體訂購，另有優惠，請洽服務專線
　　　　　　(02) 2696-2869 分機 238、519

尋寶遊戲老少咸宜，它結合了探險、趣味、獎金諸多魅力，是一個值得深入研究的主題。手機應用程式的開發同樣吸引人，它讓手機變成系統的載體，可以隨時隨地存取你所需要的資訊，尤其是跨平台的特性，使用同一份程式碼可以發佈到 Android 和 iOS 平台。Google 的 Flutter 在這方面有不錯的表現，它簡化了行動 App 的開發工作，降低技術門檻，讓跨平台的開發變得容易，只要具備基礎的程式設計經驗，任何人可以在短期之內具備這樣的能力。

於是我們結合尋寶和 Flutter 開發一個尋寶遊戲系統，提供技術人員學習 Flutter 的方式，這個尋寶系統的內容包含：手機 App、Web API、後台管理系統、Console 程式，它具備一個應用系統的完整架構，如果你對尋寶系統的開發有興趣，也可以用它做為基礎來進行優化，書中程式碼可以到 GitHut/bruce68tw 下載；除了 Flutter，使用的開發工具為 .NET 6。在開發的過程中我們著重在模組化的處理，希望使用有規劃的方式來撰寫程式，讓這些程式碼可以在不同的專案繼續重複使用，發揮它最大的價值，也節省時間和成本。程式設計原本就是有趣的事，希望大家能夠樂在工作。

最後，謝謝博碩文化的協助，讓這本書可以順利出版，更感謝你的
支持購買，讓我們有機會分享這些技術，書中有不清楚的地方或是
任何想法可以到臉書社團「ASP.NET Core 軟體積木」來交流，我們
會盡可能一一回覆。

陳明山

目錄
Contents

Chapter 1 關於尋寶

Chapter 2 開發環境設定

Chapter **6**　客戶系統

Chapter **7**　管理系統

Chapter **8**　排程功能

關於尋寶

1-1

尋寶小故事

這裡有兩則關於尋寶的小故事,第一個是「黃金野兔」,Kit Williams 是一位英國的畫家,他為了讓大家能夠認真欣賞自己的畫作,於是心血來潮的把謎題分別放到 15 幅畫裡面,然後在 1979 年將這本名為 Masquerade 的畫冊出版,同時花了 6000 英鎊打造一個「黃金野兔」做為賞金(圖 1-1),只要解開這 15 幅畫裡面的謎題,就可以找到藏匿寶物的地點。

▲ 圖 1-1 「黃金野兔」寶物

沒想到出版之後，引起了大家對於尋寶的興趣，他的畫冊出乎意料的受到歡迎，街頭巷尾開始討論寶物的可能地點，並且從各地湧入大批尋寶獵人。日子一天一天過去，謎底看似快要被揭曉，但卻又落空，直到三年後的一個春天，一位名叫 Ken Thomas 的男子解開了謎題，他在黃昏的時候來到 Ampthill 這個地方的教堂，跟隨屋頂十字架落在地面的影子，挖開泥土，順利找到了傳說中的「黃金野兔」。不久，他將這個全英國家喻戶曉的寶物拍賣，得到的金額達 31,900 英鎊；尋寶的故事到此還沒有落幕，這個熱潮持續了 40 年一直到今天。

另一個故事是加拿大的 Wilberforce 小鎮，由於人口外移，小鎮逐漸沒落，居民不想坐以待斃，於是發揮想像力，憑藉小鎮的美麗風光和廣闊土地，他們和鄰近的六個小鎮組成了「加拿大尋寶之都」（Geocaching Capital of Canada，圖 1-2），同時設計了 500 多個寶物和地點，並且用有創意的容器包裝，希望遊客在找到寶物的同時，除了欣賞風景，也能為他們的用心感到驚喜。這樣的活動從 2006 年開始，時至今日，Wilberforce 已經是一個頗有名氣的「尋寶」小鎮，全世界各地的愛好人士慕名而來，經濟和旅遊業也得到振興，現在他們每年都會推出新的藏寶地點並且舉辦特別的活動，讓小鎮繼續保持競爭力。

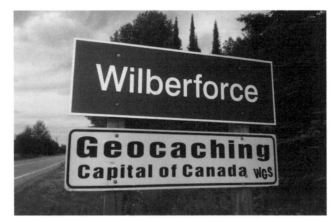

▲ 圖 1-2　加拿大地理藏寶之都

1-2

尋寶遊戲

尋寶是一個老少咸宜的遊戲，如果你在 App Store 上面輸入「尋寶」會找到數十個遊戲程式，其中一些項目的下載數量甚至達到了百萬之多，這說明了尋寶遊戲受歡迎的程度。事實上尋寶就是一個鬥智的過程，為了讓寶物盡可能隱藏，出題目的人只能透露出隱晦不明的線索，一想到追逐賞金的獵人們為了解開這些謎團，絞盡腦汁想破頭，因而在背地裡暗自發笑。獵人因為寶物的驅使，必須在有限的時間內，運用想像力、放下一切的主見，融入出謎者的內心世界，才能比其他人更快找到答案；同時還要小心保護自己辛苦得到的線索，不被其他人偷走。越到後面的關卡,過程越是緊張,卻也是充滿樂趣。等到寶物露出曙光的時候才會明白:就算是再古怪的謎題,也會有鍥而不捨的聰明人,抽絲剝繭、贏得勝利。在那一刻彷彿一切的勾心鬥角、爾虞我詐都煙消雲散,剩下的只有汗水、笑聲和一場心靈的交會。

1-3
關卡設計

尋寶遊戲的精彩程度取決於每一個關卡的設計,自古以來能被傳頌的謎題都是極具巧思妙想、天馬行空。眾人在一開始可能只是一頭霧水、莫名其妙;等到佳人才子揭開謎底的那一刻,大家才會恍然大悟、拍案叫絕。雖然不一定人人才高八斗,但也可以發揮想像力、無邊無際,留一個提示在不顯眼處,讓細心的獵人們可以按圖索驥,一步一步走進你精心設計的迷宮。

話說曹操和楊修經過曹娥碑時,看見石碑背面寫著「黃絹、幼婦、外孫、齏臼」八個字(圖1-3),楊修才思敏捷,馬上就有了答案,但曹操苦思不解,等到走了三十里路,終於豁然開朗想出謎底:黃絹是有色的絲織品,應該是「絕」;幼婦是少女的意思,那就是「妙」;外孫是女

▲ 圖1-3 絕妙好辭石碑

兒的孩子，表示「好」這個字；齏臼是受盡艱辛的器具，解釋為「辭」的意思，原來這八個字說的是「絕妙好辭」，它是在讚賞碑文的內容，實在有趣。

另外，在小說電影「達文西密碼」裡面，蘭登教授在法國的羅浮宮博物館裡面，把這兩行文字：O Draconian devil（殘酷的魔鬼）、oh lame saint（跛足的聖人）重組之後，破解分別得到：李奧納多達文西、蒙娜麗莎，才順利取得第一個線索，開啟了一趟驚心動魄的尋寶之旅。

關卡設計最常見的就是一般的謎語，使用簡單的文字，讓大家猜測裡面的含義。或是你可以使用身邊容易取得的器材，拍一張照片，裡面可能是漂亮的風景、一盆花卉、可愛動物…獵人們可能要傷透腦筋去揣測你此刻的想法，才能順利解開謎團，別忘了留一個合理的線索或是提示在上面，讓一切都變的有跡可尋。

如果你點子多、想像力豐富，那麼像是：拼圖、填字遊戲、字碼對照表、摩斯電碼、音符、電話按鍵…都是可以善加利用的題材。網路上面有太多鬼才，每一次看見這些眼花瞭亂卻又引人入勝的謎題，總是讚嘆他們創意的浩瀚無垠。

1-4
城市與企業行銷

觀光是一門好生意，大部分的城市總是希望能夠吸引很多的遊客來旅遊，從而振興觀光業、創造收入，於是這十幾年來「城市行銷」成了耳熟能詳的名詞，城市之間的競爭也越來越白熱化，大家想盡辦法利用有限的資源，來展現自己的美麗風景、文化特色、歷史故事、人文魅力…，最常聽到的是那一個城市又變成了世界最幸福、最有趣。

一般的宣傳和促銷活動屬於「被動」的方式，主辦者必須制定方略、投入成本，舉辦各種宣傳和有趣的活動；消費者則是被動接收這些訊息，然後再決定是否接受這樣的誘惑；訊息的內容往往必須具備足夠的吸引力，才能達到目的。

尋寶遊戲採用的則是「主動」的宣傳方式，因為有賞金做為動力，消費者會積極尋找訊息的來源，並且理解裡面的含義從而參加活動。在成本上尋寶遊戲的重點是關卡的設計，團隊人員腦力激盪，最後將每一個關卡的內容以圖案的方式儲存，再根據活動進行的節奏，適時傳送到參加者的行動裝置即可。

有些城市具備很好的文化內涵，這些優點必須經過長時間的接觸和沉澱，才能深刻體會，一般的消費者不容易透過簡單的宣傳或是影片，靜下心來慢慢體會；但是在遊戲中，卻可以透過活動的設計，將這些特色加入到每個關卡，產生一股驅動的力量，讓參加者在過程中認識這個城市，達到立竿見影的效果。

尋寶的內容可以配合城市的特色來製作有趣的主題，藉此來吸引這個方面的族群，讓他們在進行遊戲的同時，更加認識這個城市，同時增加認同感和黏著度；或是在關卡中加入所要宣傳的主題，來達到提升群眾認知的目的，但這一切都必須以良善為出發點。

例如某個地方的風景秀麗，那麼遊戲就可以設計成騎自行車去找線索，消費者除了滿足解謎的快樂，也同時欣賞了美麗的風景。但是這種移動式的尋寶方式必須特別注意安全，別讓客人摔到了田裡去。最後，簡單的説，「尋寶」讓一個城市變的更有趣，對於企業也是一樣。

2

Chapter

開發環境設定

尋寶遊戲系統是一套 Open Source 軟體程式，版權種類為 MIT，任何人可以從 Github/bruce68tw 自由下載。它的內容包含手機 App、Web API、後台管理系統、排程功能以及可以重複使用的公用程式；麻雀雖小、五臟俱全，所呈現的是一個軟體應用系統的完整架構。如果你是程式設計師，那麼裡面的原始碼可以幫助你節省開發相關系統所需要的時間。所使用的作業系統包括 Windows 和 Mac 兩種平台，但是如果你不打算將手機 App 發佈到 iOS 設備，則不必準備 Mac 機器。整個系統使用 Google Flutter 和 Microsoft ASP.NET Core 6 來開發，Web 端則是使用 jQuery、Bootstrap；其他還有 Visual Studio 2022、Visual Studio Code、Mac Xcode（選項）、Android Studio；資料庫可以使用 LocalDB 或是 MS SQL 類似產品。

2-1

Windows 開發環境設定

整個尋寶系統主要在 Windows 的環境下開發，同時會將其中的尋寶 App 發佈到 Android 和 iPhone 手機執行，以驗證跨平台的執行狀況，兩個平台所使用的程式碼是同一份，以下是 Windows 環境下的安裝內容：

1. Flutter SDK：Flutter SDK 的主要內容包含：Dart 編譯工具、Dart 函式庫、Flutter UI 元件。從官網 flutter.dev 下載最新版本的壓縮檔後，解壓到你指定的目錄（例如 d:\flutterSDK），然後將子目錄 bin 的路徑加入 Windows 的 Path 變數即可。Flutter SDK 的改版頻率高，每次更新只要重複這個動作即可；系統套用新版 SDK 後可能會影響原本的程式而出現警語或是錯誤，這個時候就必須發揮一點耐心到網上尋找解答或是到社群討論，不過大致上都可以很快找到答案。

2. Android Studio：它是一個整合的開發環境，其中包含 JRE（Java Runtime Environment），可以將 Flutter 程式編譯成 Android 應用程式。安裝之後必須到 Tools → SDK Manager 檢查 SDK Command Line Tools 是否安裝，如圖 2-1，否則當你在 VS Code 用 flutter doctor 指令來檢查安裝環境時會出現錯誤：

▲ 圖 2-1　勾選 Android SDK Command-line Tools

如果你要使用模擬器來開發系統，可以到 Tools→AVD Manager 選擇 Create Virtual Device。由於執行速度的考量，在尋寶 App 的開發過程，會使用手機來測試而不使用模擬器，以減少執行時的等待時間。

3. Visual Studio Code：或稱 VS Code，相較於 Android Studio，它的體積小，執行速度快，所以用它來開發 Flutter 應用程式，但仍然需要 Android Studio 的編譯和執行環境。安裝之後，必須進入 VS Code 的「延伸模組」，安裝 Dart 和 Flutter。在開發時，只要將 Android 手機連上你的 Windows 電腦，VS Code 即可偵測到這個裝置，將程式發佈到上面來執行。

以上是 Windows 環境下開發 Android App 需要準備的環境，完成之後進入 VS Code 開啟終端機視窗，輸入 flutter doctor –v 來檢查安裝的狀態是否正確，輸出結果如下（內容經過縮減）：

```
PS D:\_project2\bao_app> flutter doctor -v
[✓] Flutter (Channel stable, 2.8.1, on Microsoft Windows ...
    • Flutter version 2.8.1 at D:\flutterSDK
    ...
[✓] Android toolchain - develop for Android devices (Android SDK ...
    • Android SDK at C:\Users\bruce\AppData\Local\Android\sdk
    ...
[✓] Android Studio (version 2020.3)
    • Android Studio at C:\Program Files\Android\Android Studio
    ...
```

```
[✓] VS Code (version 1.64.1)
    • VS Code at C:\Users\bruce\AppData\Local\Programs\Microsoft ...
    • Flutter extension version 3.34.0
• No issues found!
```

每個項目前面的打勾符號表示這個項目安裝正確，如果出現驚嘆號或打叉則表示有錯誤，原因可能是因為你的電腦環境、軟體的安裝順序或是找不到相關路徑，畫面會顯示相關的指令給你參考。例如有一項是必須同意 Android 服務條款，只要輸入系統提示的指令：flutter doctor --android-licenses，再回答幾個 y 即可。也有可能是因為目前電腦中的軟體版本造成衝突，情況不一，總體來說 Windows 的環境較為單純。

尋寶系統裡面的 Web、API、Console 程式使用 .NET 6 來開發，它必須在 Windows 10 以上的環境下安裝 Visual Studio 2022 才能正常運作。在安裝 VS 2022 的同時，預設會安裝 LocalDB 資料庫，系統需要它來儲存資料，如果你有 SQL Server 相似的軟體也可以，例如 Express；除此之外，還需要 SSMS（SQL Server Management System）這個工具來管理資料庫。

2-2

Mac 開發環境設定

如果你希望把尋寶 App 發佈到 iPhone 手機做測試，需要申請 Apple ID 和免費的 Apple 開發者帳號，還要準備一台 Mac 電腦安裝以下的程式：

1. Xcode：Mac 預設沒有安裝 Xcode，你可以從 App Store 下載安裝。Xcode 是蘋果公司所提供的整合開發環境，可用來開發桌面和行動裝置系統，它包含圖形化介面，以及編譯器和除錯功能，在功能上類似 Visual Studio 或是 Android Studio。Xcode 的版本對開發工作會有影響，太舊的版本可能無法順利把 Flutter 程式發佈到新的 iPhone 手機，同時 Xcode 的版本會受限於 Mac 的版本，書中使用的是 Catalina 和 Xcode 12。安裝之後，進入 Xcode 設定你的 Apple ID 如圖 2-2：

▲ 圖 2-2　在 Xcode 設定 Apple ID

2. Homebrew 是一款管理軟體套件的自由軟體,它可以簡化 Mac 系統上的軟體安裝過程,如果你的電腦沒有這個軟體或是版本過舊,在這個過程會出現錯誤,不少人在這個地方遇到了困難,你可以在終端機視窗利用以下的指令來安裝:

```
/bin/bash -c "$(curl -fsSL https://raw.githubusercontent.
com/Homebrew/install/HEAD/install.sh)"
```

3. CocoaPods:CocoaPods 是使用 Ruby 開發的管理工具(Mac 預設會安裝 Ruby),用途是管理 Swift 和 Objective-C 所使用的第三方套件,類似 Android 的 Gradle,可以簡化開發過程中對套件的使用,安裝的指令為 sudo gem install cocoapods。

4. 依序安裝 Flutter SDK、Android Studio、VS Code,步驟可以參考上一節 Windows 的安裝。在 Mac 下設定 Path 變數如以下步驟:

```
#在Zsh (Z shell) 的環境下編輯系統組態檔案:
nano ~/.zshrc

#在檔案內加入這一行將Flutter SDK加入Path,路徑為flutter儲存位置:
export PATH=$PATH:/Users/admin/Tools/flutterSDK/bin

# 儲存後回到Zsh執行以下指令,新的Path內容即可發生作用:
source ~/.zshrc
```

上面的環境安裝完成之後，在 VS Code 執行 Flutter doctor -v 檢查所安裝的軟體是否正確：

```
[✓] Flutter (Channel beta, 2.8.3, on Mac OS X 10.15.7 19H2 darwin-x64…
    • Flutter version 2.8.3 at /Users/admin/Tools/flutterSDK
    …

[✓] Android toolchain - develop for Android devices (Android SDK …
    • Android SDK at /Users/admin/Library/Android/sdk
    …

[✓] Xcode - develop for iOS and macOS (Xcode 12)
    • Xcode at /Applications/Xcode.app/Contents/Developer
    • CocoaPods version 1.11.2
[✓] Android Studio (version 2020.3)
    • Android Studio at /Applications/Android Studio.app/Contents
    …

[✓] VS Code (version 1.63.2)
    • VS Code at /Applications/Visual Studio Code.app/Contents
    • Flutter extension version 3.29.0
```

2-3

系統清單

以下是尋寶系統所包含的系統清單和說明：

1. 尋寶 App：以 Flutter 開發的跨平台手機應用程式，它使用相同一份程式碼來發佈到 Android 和 iOS 兩個平台，用途是讓用戶透過手機參加尋寶遊戲；開始使用這個 App 時，系統會透過 Email 來進行使用者身份的認證，成功之後即可存取所有功能；當新的尋寶遊戲發佈到資料庫時，用戶可以透過這個 App 看到並且參加這個遊戲。它會透過 HTTP 服務與後端的 Web API 程式溝通，來存取主機上面的檔案和資料庫。

2. Web API：用途是提供尋寶 App 的後端存取服務，兩個系統之間使用 JWT（JSON Web Token）來認證使用者的身份，App 使用者對這個系統所有的存取功能都會檢查 JWT 的正確性。由於必須考慮大量 App 用戶同時連線到 API 系統的情形，系統使用 Redis Server 來暫存尋寶資料以提升整體效能，同時降低資料庫的負載；使用者讀取資料時，系統會判斷是否直接讀取 Redis Server，開發工具為 ASP.NET Core；另外，Redis Server 的暫存資料由第 8 章的排程功能每天在固定的時間來定時清除。

3. 客戶系統：這裡的客戶指的是在這個平台發佈尋寶遊戲的使用者，一般來説他們會是機關團體、企業組織，或是想要分享的熱心人士。尋寶系統的其中一個目的是希望提供一種趣味性的城市行銷的方法。客戶系統提供維護尋寶遊戲資料的功能，為了保證資料的安全性，每個關卡的解答會經過 MD5 加密處理，開發工具為 ASP.NET Core。除此之外，它目前包含了兩個統計圖表功能，可以提供目前遊戲進行的狀況，所使用的套件為 Chart.js。

4. 管理系統：它的用途是確保尋寶系統能夠正常運作，它包含用戶資料的管理功能、發佈公告訊息，同時也可以處理突發的狀況，例如臨時要將某個遊戲下架；開發工具為 ASP.NET Core。

5. 排程功能：排程功能像機器人一樣，每天在固定的時間自動執行特定的工作，例如把遊戲資料上架、清除前一天的暫存資料…這些工作可以隨著系統的需要陸續增加；它是一個 Console 程式，開發工具為 .NET 6，在執行上必須配合作業系統本身所提供的排程軟體（Scheduler）來設定要啟動的時間和頻率。

6. 公用程式：以上的系統都會有一些類似的功能或是操作行為，透過模組化的方式把這些程式分離出來變成公用程式，在其他專案重複使用，節省開發的時間和成本，也增加維護的方便性。這些公用程式會因為開發的語言而有所不同，Flutter 上面的是 base_lib，在 .NET 6 的則是 Base 目錄底下的三個專案，分別為 Base、BaseApi、BaseWeb，它們各自應用在不同種類的專案上。

2-4

原始程式

所有的原始程式放在 https://github.com/bruce68tw，尋寶系統需要以下八個 repository：bao_app、BaoAdm、BaoApi、BaoCron、BaoCust、BaoLib、Base、base_lib，你可以將它們全部下載到一個目錄（例如 d:\project），方便後續的測試和執行；解壓縮後移除目錄名稱後面的 -master，如圖 2-3（Base 包含三個子目錄：Base、BaseApi、BaseWeb）。如果你有使用 Git 的經驗，可以透過 Git client 軟體（例如 Git Extensions）來下載這些檔案會比較方便，其中 base_lib 和 Base 的性質屬於公用程式，會被其他專案參照，你在更新其他六個專案時需要同時更新。

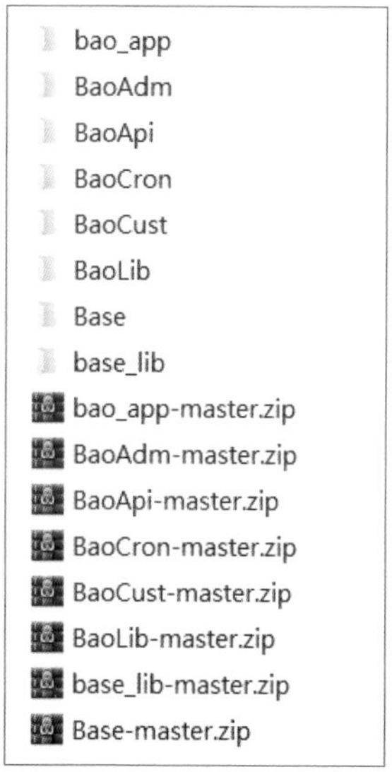

```
bao_app
BaoAdm
BaoApi
BaoCron
BaoCust
BaoLib
Base
base_lib
bao_app-master.zip
BaoAdm-master.zip
BaoApi-master.zip
BaoCron-master.zip
BaoCust-master.zip
BaoLib-master.zip
base_lib-master.zip
Base-master.zip
```

▲ 圖 2-3 尋寶系統目錄清單

尋寶系統包含三種用戶，第一種是 App 的使用者；第二種是提供尋寶遊戲來源的人，一般是企業或組織；第三種是系統管理人員，負責系統正常運作。不同的使用者會分別操作不同的系統，這些系統或程式的內容簡單説明如下：

- bao_app：尋寶 App 的主要專案，內容包含操作畫面和商業邏輯，會參照 base_lib，Dart 的目錄和檔案命名規則為小寫加底線，開發工具為 Flutter，操作者為第一類用戶。

- base_lib：手機 App 公用程式，內容是可以重複使用的程式，不含商業規則，會隨著開發不同專案而陸續擴充，可以應用在 Flutter 應用程式，減少重複撰寫程式碼，語言為 Dart。

- BaoApi：尋寶 App 後端 Web API 程式，不含 UI，提供存取後端資源的功能，使用 ASP.NET Core。

- BaoCust：尋寶客戶系統，這裡的客戶指的是可以建立尋寶資料的使用者，使用 ASP.NET Core。操作者為第二類用戶。

- BaoAdm：尋寶後台管理系統，使用 ASP.NET Core。操作者為第三類用戶。

- BaoCron：尋寶排程功能，它的用途是每天執行固定的工作，內容包括清除暫存資料和尋寶資料上下架，使用 ASP.NET Core。操作者為第三類用戶。

- BaoLib：跟尋寶系統有關的商業規則，屬於公用專案，可以被其他尋寶專案引用。

■ Base：這個目錄包含三個專案，分別為 Base、BaseApi、BaseWeb；內容是公用的基礎類別，其中 Base 用在一般專案、BaseApi 用在 Web API、BaseWeb 用在 MVC，使用 ASP.NET Core 開發。在另一本書「用 ASP.NET Core 開發軟體積木跟應用系統」有詳細的介紹，如果你對快速開發後台管理系統有興趣，可以參考。

2-5

資料庫欄位

尋寶系統的資料庫名稱 Bao，你必須先建立這個資料庫的內容系統才能正常運作。進入 SSMS 建立一個空白的 Bao 資料庫，再執行 BaoApi/_data/createDb.sql 來產生資料表和記錄。九個資料表的清單如圖 2-4：

```
⊞ ▦ dbo.Bao
⊞ ▦ dbo.BaoAttend
⊞ ▦ dbo.BaoReply
⊞ ▦ dbo.BaoStage
⊞ ▦ dbo.Cms
⊞ ▦ dbo.User
⊞ ▦ dbo.UserApp
⊞ ▦ dbo.UserCust
⊞ ▦ dbo.XpCode
```

▲ 圖 2-4　Bao 資料表清單

以下欄位內容資料是由系統自動產生，Word 檔案位於 BaoApi/_data/Tables.docx，在開發和了解系統功能的過程，一份完整的資料庫文件是必要的，以下的表格中如果資料型態的長度為 -1，表示欄位長度為 max（例如 nvarchar(-1)）：

▶ Table: Bao（尋寶資料）

序	欄位名稱	中文名稱	資料型態	Null	預設值	說明
1	Id	Id	varchar(10)			
2	Name	尋寶名稱	nvarchar(30)			
3	StartTime	開始時間	datetime			
4	EndTime	結束時間	datetime			
5	IsBatch	是否批次解謎	bit			
6	IsMove	是否移動地點	bit			
7	IsMoney	是否獎金	bit			0(獎品), 1(獎金)
8	GiftName	獎品內容	nvarchar(100)			
9	Note	注意事項	nvarchar(500)	Y		
10	StageCount	關卡數目	tinyint			
11	LaunchStatus	上架狀態	char(1)		'0'	refer XpCode LaunchStatus
12	Status	資料狀態	bit			
13	Creator	建檔人員	varchar(10)			
14	Revised	異動日期	datetime			含建檔日期

▶ Table: BaoAttend（App 用戶參加尋寶）

序	欄位名稱	中文名稱	資料型態	Null	預設值	說明
1	UserId	App 用戶 Id	varchar(10)			
2	BaoId	尋寶 Id	varchar(10)			
3	AttendStatus	參加狀態	char(1)			refer XpCode AttendStatus
4	NowLevel	目前關卡	smallint		1	base 1
5	Created	建檔日期	datetime			

▶ Table: BaoReply（用戶答題資料）

序	欄位名稱	中文名稱	資料型態	Null	預設值	說明
1	Id	Id	varchar(10)			
2	BaoId	尋寶 Id	varchar(10)			
3	UserId	App 用戶 Id	varchar(10)			
4	Reply	答題內容	nvarchar(500)			
5	Created	建檔日期	datetime			

▶ Table: BaoStage（尋寶關卡）

序	欄位名稱	中文名稱	資料型態	Null	預設值	說明
1	Id	Id	varchar(10)			
2	BaoId	尋寶 Id	varchar(10)			
3	FileName	上傳檔案名稱	nvarchar(100)			關卡圖檔
4	AppHint	App 用戶提示	nvarchar(100)	Y		顯示在 App
5	CustHint	客戶提示	nvarchar(100)	Y		for 客戶維護用途
6	Answer	正確答案	varchar(22)			MD5 加密
7	Sort	排序	smallint			base 0

▶ Table: Cms（CMS 內容）

序	欄位名稱	中文名稱	資料型態	Null	預設值	說明
1	Id	Id	varchar(10)			
2	CmsType	CMS 種類	varchar(10)			
3	Title	標題	nvarchar(255)			
4	Text	文字內容	nvarchar(-1)	Y		
5	Html	Html 內容	nvarchar(-1)	Y		
6	Note	備註	nvarchar(255)	Y		
7	FileName	上傳檔名	nvarchar(100)	Y		
8	StartTime	開始時間	datetime			
9	EndTime	結束時間	datetime			
10	Status	資料狀態	bit			
11	Creator	建檔人員	varchar(10)			
12	Created	建檔日期	datetime			
13	Reviser	修改人員	varchar(10)	Y		
14	Revised	修改日期	datetime	Y		

▶ Table: User（管理系統用戶）

序	欄位名稱	中文名稱	資料型態	Null	預設值	說明
1	Id	Id	varchar(10)			
2	Name	姓名	nvarchar(30)			
3	Account	帳號	varchar(20)			可修改
4	Pwd	密碼	varchar(22)		''	MD5 加密
5	Status	資料狀態	bit			
6	IsAdmin	是否管理者	bit			

▶ Table: UserApp（手機用戶資料）

序	欄位名稱	中文名稱	資料型態	Null	預設值	說明
1	Id	Id	varchar(10)			
2	Name	姓名	nvarchar(30)	Y		
3	Phone	手機號碼	varchar(15)			
4	Email	Email	varchar(100)			
5	Address	地址	nvarchar(255)	Y		
6	AuthCode	認證號碼	varchar(10)	Y		手機用戶建立或回復帳號時認證
7	Status	資料狀態	bit		0	
8	Created	建檔日期	datetime			
9	Revised	修改日期	datetime			

▶ Table: UserCust（客戶資料）

序	欄位名稱	中文名稱	資料型態	Null	預設值	說明
1	Id	Id	varchar(10)			
2	Name	姓名	nvarchar(30)			
3	Account	帳號	varchar(30)			可修改
4	Pwd	密碼	varchar(22)		''	MD5 加密
5	Phone	手機號碼	varchar(15)			不可修改
6	Email	Email	varchar(100)			不可修改
7	Address	地址	nvarchar(255)			
8	IsCorp	是否公司	bit			
9	Status	資料狀態	bit			
10	Created	建檔日期	datetime			

▶ Table: XpCode（雜項檔）

序	欄位名稱	中文名稱	資料型態	Null	預設值	說明
1	Type	資料類別	varchar(20)			
2	Value	Key 值	varchar(10)			
3	Name	顯示名稱	nvarchar(30)			
4	Sort	排序	int			
5	Ext	擴充資訊	varchar(30)	Y		
6	Note	備註	nvarchar(255)	Y		

2-6

本章結論

在準備開發環境的時候，可能會因為每個人的電腦環境不同，而遇到不一樣的問題，Windows 的環境較簡單，Mac 的環境則會遇到較多問題。對剛接觸 Flutter 的人來說，這些問題的提示訊息可能有些模糊，利用其中的關鍵字來搜尋，大致都能很快找到答案，在處理這些問題可能要保持一點耐心。一般來說，把安裝 VS Code 的步驟放在最後面的階段，它會自動抓取其他軟體的安裝路徑，可以避免許多問題。

尋寶系統包含九個專案，可以歸納成六種類型：手機 App、Flutter
公用程式、Web API 系統、管理系統、Console 程式、.NET 公用
程式。這些專案各有不同的用途，你可以參考它的結構或是在你的
專案中直接使用，這會節省許多開發的時間。其中公用程式或系統
框架是很重要的一部分，程式設計師隨著時間的經驗累積，公用程
式會越來越完整，它對系統開發的工作有很大的助益，可以提昇開
發的效率、減少時間和成本，如果你以前沒有注意這部分的工作，
現在可以開始考慮，或是參考這裡的公用程式，它主要是 Base、
BaseApi、BaseWeb 這三個專案。

資料庫文件是一份重要的資料，整個系統的開發工作都是圍繞著
這份文件在進行，所以它的內容必須要清楚而且正確；如何去維
護這份文件是另外一個問題，也值得大家去重視，這裡所採用的
方式是讓系統自動產生這份文件。

Note

3 Chapter

Flutter 介紹

手機便利的移動性一直是某些應用程式理想的平台，跨平台的特性更加深了這一類開發工具的魅力，任何技術人員都會想要用輕鬆的方式在這樣的平台快速的開發出有價值的系統。目前市面上開發跨平台手機應用程式的主要工具有：Flutter、React Native、Xamarin，它們最近時間在 Google Trends 上面的熱絡程度如圖 3-1，Flutter 是最上面的折線，這也是選擇 Flutter 的其中一個原因：

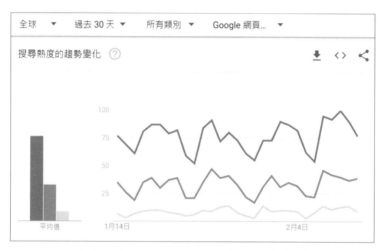

▲ 圖 3-1　三種工具的 Google Trends 統計

3-1

Flutter SDK

平常所說的 Flutter 指的是 Flutter SDK，它可以用來開發 Web、行動裝置、桌面應用程式，其主要的內容是一組用來製作畫面的Widget（以下用「元件」來稱呼 Widget 讓閱讀更為通順）。

除此之外，它的另一個重要功能是跨平台，Flutter 使用每個平台
所提供的 Canvas 元件，配合自己的 Skia 2D 引擎來製作 Flutter
元件，藉此達到跨平台的目的，同時讓應用程式在執行上能夠接
近原生程式的效能；對程式設計師來説，你只需要撰寫一份程式
碼，就可以同時發佈到多個平台，輕鬆許多。根據官網 flutter.
dev 上面的説明，Flutter SDK 的完整內容包含以下的這些項目：

■ Dart SDK：在後面説明。

■ react-style 框架：Flutter 採用和 React Native 相同的方式來呈
  現元件的外觀，當畫面元件的狀態改變時，Flutter 會自動去
  計算需要重新繪製的內容，來達到最大的效能。

■ 製作畫面的元件：以目前官網上的穩定版本 2.10.1 版而言，
  裡面包含大約有 170 多個元件。

■ 測試用途的 API：Flutter 提供許多功能讓你撰寫三種測試程
  式：單元測試、元件測試、整合測試。我們在尋寶 App 裡面
  實作了單元測試來檢測手機 App 和 Web API 之間傳遞參數的
  方式。

■ 連結第三方 SDK 的 API：它的用途是讓你的程式可以呼叫
  Android/iOS 設備的功能或第三方的 SDK，在這種狀況你需要
  針對每個平台撰寫個別的程式。

■ Dart Dev Tools：用來除錯和檢查系統效能的工具。

- Flutter/Dart 命令列工具程式：在開發手機程式的過程，需要在 VS Code 的終端機視窗輸入指令，這些指令所執行的即是命令列工具程式，指令統一都是 flutter 或是 dart 開頭，這兩組指令高度相似，Flutter 的開發者只需要使用 flutter 指令即可，4-1 章節列出這些 Flutter 常用指令供你參考。

Dart 是開發 Flutter 應用程式所使用的語言，在安裝 Flutter SDK 時，子目錄 bin\cache\dart-sdk 裡面的內容即為 Dart SDK，它是 Dart 程式的開發工具，包含以下的功能：

- Dar Library：與 Flutter 元件不同，這裡的 Library 沒有 UI 介面。

- 編譯原始碼：Dart SDK 可以把原始碼編譯或轉換成三種格式的執行程式，分別是 JavaScript、AOT 格式（Ahead Of Time 事先編譯）、JIT 格式（Just In Time 即時編譯）。其中 JavaScript 用在瀏覽器，但是必須注意它無法使用 File IO 的問題；AOT 格式具有較小的檔案空間和較快的執行速度，用在開發完成、準備發行的時候；JIT 格式具有較快的編譯速度，但會產生較大的檔案，適合在開發除錯階段使用。你可以根據開發過程中的實際需要選用合適的方式。

- Dart 語法分析：檢查程式的錯誤和可以優化的內容。

- 產生 API 文件。

3-2
Dart 語言

Dart 是 Google 所開發的電腦語言，於 2011 年 10 月推出至今。它的語法類似 C#、Java、TypeScript，其中 main 函數是程式的起點，傳回 void，簡單的 Hello World 範例如下：

```
void main() {
  print('Hello World !');
}
```

Dart 語言的重點整理以下：

❶ 命名原則

- 目錄和檔案：使用小寫英數字加底線，例如：bao_app。

- 類別：類別名稱使用大 Camel（駝峰式），例如：BaoDetail。

- 類別裡面的屬性和方法名稱如果前面有底線，則表示為 private 性質，Dart 沒有 public、private 關鍵字。

- 變數和函數：使用小 Camel，例如：initState。

- Dart 建立一個新的物件時可以省略 new 這個關鍵字。

❷ const、final、late

const 表示常數，用在變數或類別屬性，宣告時可以省略資料型態；如果變數的內容只會設定一次，之後不會再改變，則可以宣告為 final；late 表示變數的內容在宣告時還無法決定，會在宣告之後再設定。當你撰寫程式時，Dart 會分析其中可以修正的程式碼，並且顯示修改建議，適時加上這些宣告，可以增加系統效能。

❸ 選擇性參數

函數或是類別方法有兩種選擇性參數，第一種是具名參數（Named Arguments），參數以大括號包含在裡面，參數後面可以指定預設值，呼叫時必須指定參數名稱，當參數的數目較多時，這種方式有便利性，如分頁元件 base_lib/servies/pager_srv.dart 的建構函數：

```
///constructor
PagerSrv(Function fnOnClick,
    {int pageRows = 5,
    int numBtns = 5,
    bool showTotalPages = false,
    double fontSize = 15,
    Color textColor = Colors.black,
    Color textDisColor = Colors.grey,
    Color textNowColor = Colors.white,
    Color btnBgColor = Colors.blue}) {
```

第二種是不具名參數或叫位置參數，參數以中括號包含在裡面，
參數後面可以指定預設值，呼叫時必須在正確的位置填入參數內
容值，通常用在參數的數目較少時，如以下範例：

```
Map<String, dynamic> getDtJson([String findJson = '']) {
  return {
    'start': (_nowPage - 1) * _pageRows,
    'length': _pageRows,
    'recordsFiltered': _rowCount,
    'findJson': findJson,
  };
}
```

❹ Object、var、dynamic

Object 型態的變數可以儲存各種資料型態的內容，系統會在編
譯時期檢查這個變數使用上的正確性；如果你使用 var 來宣告變
數但是沒有指定初始值，那麼系統會將這個變數的資料型態設定
為 Object，雖然方便，但是容易影響的效能和維護的成本，在這
種情形下一般會直接指定這個變數的資料型態，而不使用 var；
dynamic 和 Object 有相同的效果，但是在執行程式的時候才會檢
查 dynamic 變數的正確性。

❺ 非同步（async）

目前大多數的程式語言支援非同步程式設計，它可以在等待執行結果的時候釋放資源，提高效能；原則上對於 Input/Output 的功能會以非同步的方式來處理，例如對檔案和資料庫的存取，函數名稱後面習慣加上 Async 來做區別。如果一個函數或是類別方法宣告為非同步，那麼呼叫這些程式的本身也必須是非同步。Dart 跟非同步有關的關鍵字有 Future、async、await，以下範例為 bao_app/services/xp_ut.dart 的內容：

```
//非同步函數宣告
static Future initFunAsync() async {
  ...
}


//呼叫非同步函數，本身必須為非同步
static Future<bool> isRegAsync(BuildContext? context) async {
  //呼叫非同步函數
  await initFunAsync();
  ...
}
```

❻ extends、implements、mixins

extends 用來繼承單一類別；implements 也是繼承但是必須覆寫全部方法，Dart 沒有提供 interface 的功能，如果要使用 interface，可以先建立類別，再使用 implements 來繼承；mixins 類似其他語言的多重繼承，可以組合多個不同用途的類別。

❼ JSON、Map、List、Set

JSON 是一種包含多組 Key-Value 格式的資料，具有體積小、各種語言支持度高的優點，經常做為前後端程式傳遞資料的用途，其中 Key 的內容為字串，具有唯一性不可重複，Value 的內容可以是各種資料型態，格式上非常自由方便。不同語言在名稱和作法略有不同，例如 JavaScript 直接使用大括號來宣告一個 JSON 變數；c# 的名稱可能是 JObject（Newtonsoft.Json）、JsonObject（System.Json）或是轉換成類別變數來處理；Dart 語言中的 Map 類似 JSON，它的 Key 可以是數字，在程式中習慣將 Map 轉換成類別變數來處理，可以避免潛在的 Bug。前面提到的 Object/dynamic 型態的變數，它的內容也可以是 Map 型態的資料。List 和 Set 都是集合，但是 Set 的元素內容不可重複。以下是這些語言建立 JSON 變數的範例：

```
//JSON by JavaScript
var json = {
   key1: 'key1',
   value1: 'value1',
};
```

```
//JSON by c#
var json = new JObject() {
   ["key1"] = " key1",
   ["value1"] = "value1",
};



//JSON by Dart
var json = {
   'key1': 'key1',
   'value1': 'value1',
};
```

❽ Null Safety

變數內容是否為 Null 的判斷是開發系統中經常遇到的問題,有時候會造成潛在的 Bug。Dart 支援 Null Safety,它會在編譯時檢查程式裡面對於 Null 的使用是否正確,來避免可能發生的錯誤。這同時還有一個改善效能的好處,程式中可以明確知道某個變數或是函數的回傳者是否包含 Null,判斷式會因此減少;變數的資料型態後面加一個問號,即表示變數內容可以為 null,如下:

```
String? abc = 'abc';
```

3-3

Flutter Widget

Flutter 包含數量可觀的 Widget/ 元件，學習 Flutter 的過程就是在
熟悉這些元件的內容和使用方式。

❶ StateLess、StateFul

你可以建立兩種 Flutter 元件，第一種是 StateLess Widget，類似
靜態網頁，內容不會有任何變化，比較單純；第二種是 StateFul
Widget，它是手機 App 的主體，透過設定變數的內容來控制元件
的外觀，它同時可以使用 InheritedWidget 這個類別來建立與子元
件之間的共享資料，讓系統能夠更快的更新畫面，如果你的系統需
要快速的反應速度，那麼會有所幫助，但它不在這本書的討論範圍。

當你建立一個 StateFul Widget 時，它的程式架構是固定的，會
分別繼承兩個類別，第一個是 StatefulWidget 用來處理固定的內
容；另一個是 State 用來處理變動的內容，以下是一個 Stateful
Widget 簡單範例，檔案為 bao_app/lib/sample.dart：

```
import 'package:flutter/material.dart';
class Sample extends StatefulWidget {
  const Sample({ Key? key }) : super(key: key);
```

```
  @override
  _SampleState createState() => _SampleState();
}


class _SampleState extends State<Sample> {
  @override
  Widget build(BuildContext context) {
    return Container(
    );
  }
}
```

❷ StateFul Widget 生命週期

StateFul Widget 是系統中主要的元件種類，了解它的生命週期，
有助於撰寫正確的程式。圖 3-1 是網路上使用較多的流程圖：

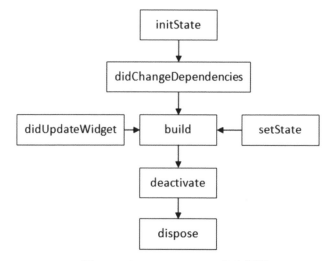

▲ 圖 3-1　StateFul Widget 生命週期

- initState：第一次建立元件時觸發，只會執行一次，可以在這個函數做一些初始化的行為，例如設定變數初始值。

- didChangeDependencies：在這個階段元件本身的內容已經產生，可以被存取。如果使用了父元件的共享資料而且資料內容改變時，系統會自動呼叫這個方法。

- didUpdateWidget：當父元件的狀態改變時會觸發這個方法。

- build：在這個函數繪製元件內容，你必須覆寫這個方法，同時配合變數的內容來產生元件。

- setState：呼叫這個方法時，系統會重新繪製元件。

- deactivate：切換頁面時會觸發這個方法，同時會釋放這個元件的資源。

- dispose：關閉元件時會觸發這個方法

❸ 以功能區分

官網上面的元件分類方式如下：

- Accessibility：無障礙輔助功能，例如字體變大、輸出語音、顯示高對比的顏色。

- Animation and Motion：各種動畫效果。

- Assets，Images，and Icons：資源檔、圖案、圖示檔案。

- Async：非同步操作，例如串流。

- Basics：常用的基本元件。

- Cupertino：iOS 風格的元件。

- Input：輸入欄位。

- Interaction Models：觸控、手勢操作。

- Layout：版面配置。

- Material Components：Android 風格的元件。

- Painting and effects：圖片或是區塊的外觀處理，例如圓邊、透明度…

- Scrolling：捲動功能。

- Styling：樣式（Style）、主題（Theme）及響應式處理。

- Text：顯示文字。

❹ 以容器種類區分

從容器的角度，Flutter 元件可以簡單分成三種：

- 基本的元件：無法當作容器使用，在使用上較為單純，例如：Text、Image、Icon。

- 包含單一元件的容器：用途多是讓子元件具備某種功能或是屬性，像是設定邊界大小、捲動內容，經常使用 body 或是 child 屬性來對應子元件。例如：Container、Center、Padding。

■ 包含多個元件的容器：用途是以某個格式來顯示資料，使用 children 屬性來對應多個子元件，例如：Row、Column、Card、GridView、ListView。

❺ 以平台區分

Material 和 Cupertino 是兩組不同風格的元件，Material 可以用在各種手機平台；Cupertino 則是因為版權問題只能正常運行在 iOS 設備，如果你要把它用在 Android 裝置，則需要更多的測試。這兩組元件多數可以互相對應，但細部的表現行為可能有所不同。考慮尋寶 App 會應用在不同平台的手機設備，本書選用 Material 來開發。以下是不同平台的元件數量：

■ Material：約 40 個，外觀為 Android 風格，可以運行在 Android、iOS 裝置。

■ Cupertino：數量為 25 個，外觀為 iOS 風格，只能運行在 iOS 裝置。

■ 其他：數量約 100 個，可以運行在 Android、iOS 裝置。

網路上有一些套件可以讓系統依照執行的手機平台自動切換，即是在 Android 使用 Material、在 iOS 使用 Cupertino，但是元件的選用上會有所限制，同時增加程式的複雜程度，或是你也可以自行在程式中判斷，並且按照平台種類來輸出不同的元件。

❻ Flutter 常用元件

雖然 Flutter 元件的數量很多，熟悉常用的元件即可處理大部分的工作，遇到其他需求再去了解和選用，以下是尋寶 App 所使用的元件：

- Align：設定容器內的元件的對齊方式。

- BottomNavigationBar：畫面底部的功能列。

- BottomNavigationBarItem：畫面底部的功能列圖示按鈕。

- Card：容器元件，產生圓邊的外框。

- CircleAvatar：以圓形的外框來顯示圖檔，經常用在顯示人像照片。

- Column：將容器內的多個元件垂直排列。

- Container： 單 一 元 件 容 器， 具 有 alignment、margin、padding 屬性；另外，當元件的 build 函數執行失敗時，一般會讓程式傳回空白的 Container 元件，例如 bao.dart：

```
@override
Widget build(BuildContext context) {
  //check status
  if (!_isOk)
     return Container();
```

```
//return page
return Scaffold(
    appBar: XpHp.appBar('尋寶'),
    body: getBody(),
);
}Divider：水平分隔線。
```

- Form：可以進行欄位資料驗證的表單。

- Image：顯示圖檔，來源可以是本機的檔案或是網路。

- ListTile：ListView 裡面的單筆資料列，具有固定欄位。

- ListView：多筆 ListTile 的容器

- Row：將容器內的多個元件水平排列。

- SafeArea：讓這個區域的內容可以根據手機螢幕的大小自動調整，而不會出現頁面被截斷的現象。

- Scaffold：它是最常見的元件，通常用來建立獨立的功能畫面，內容包含上方的 AppBar 顯示功能名稱、下方的 BottomBar 顯示功能按鈕、中間可以載入其他頁面的內容或是顯示資料。

- SingleChildScrollView：讓頁面產生捲動功能。

- Text：顯示文字。

- TextButton：文字型按鈕。

■ TextFormField：Form 裡面的文字輸入欄位，包含資料驗證
　功能。

❼ 使用外部套件

在開發 App 時，除了使用 Dart SDK 的 Dart Library，Flutter SDK
的 Widget/元件，還會使用其他的套件，它們被收集在官網 pub.
dev/packages，你可以從這裡找到穩定、受歡迎的套件來使用，
同時裡面也提供了一些訊息，例如在圖 3-2 的 http，在第 3 行的
SDK 欄位表示它可以在 Dart 和 Flutter 程式中使用；在 Platform
欄位中，http 可以應用在 Android、iOS 行動平台，以及 Linux、
MacOS、Windows 作業系統還有 Web 環境。

▲ 圖 3-2　http 套件

另外，檔案 base_lib/services/http_ut.dart 所載入的套件如下，
它除了包含上面提到的 3 種資料，還有第 4 種是自行撰寫的
package base_lib。

```
//1.dart sdk
import 'dart:io';
import 'dart:developer';
import 'dart:convert';
import 'dart:typed_data';
//2.flutter sdk
import 'package:flutter/widgets.dart';
//3.3rd package
import 'package:archive/archive.dart';
import 'package:http/http.dart' as http;
//4.base_lib
import 'package:base_lib/all.dart';
```

3-4

本章結論

手機裝置因為硬體尺寸大小的限制，應用程式大多是操作簡單、內容單純；而 Google 所提供工具 Flutter，也同樣具備了這樣的特性，它簡化手機應用程式的開發，並且可以發佈到 Android、iOS 行動裝置。另一方面，手機同時也是具備方便性和普及性的操作平台，它讓應用程式的執行場所得到了很大的擴展，讓程式設計師的想像力得到了釋放。

Flutter 主要的內容是一套數量可觀的 UI 套件，初學者可能無法馬上掌握全部的內容，這裡提供了幾種歸納分類的方式，讓你可以在短時間了解它的主要內容，配合它簡單的元件結構，多數人可以很快上手。另外，在建立 Flutter 畫面時，Style 的處理可能會讓程式碼變的冗長，可以把常用的元件分離出來在程式之間重複使用，除了增加操作畫面的一致性，維護也更加容易。

快速學習是多數程式設計師的天性，Dart 和其他的主流語言相似，可以縮短你學習的時間，這裡整理了 Dart 的重點，這也是尋寶 App 所使用的技術，配合書中的原始碼，相信對熟悉 Dart 會有所幫助。

4
Chapter

尋寶 App

尋寶 App 是一款利用 Flutter 所開發出來的手機應用程式，它的用途是提供手機用戶參加尋寶遊戲，屬於尋寶系統的前端程式。Dart 是程式語言，Flutter 是 Dart 環境下用來開發跨平台裝置（電腦、手機、平板）應用程式的 UI 套件，在本章的內容中，為保持說明的簡單，除非強調 Dart 這個語言，一律用 Flutter 來稱呼這樣的開發環境。

4-1 建立專案

Flutter 應用程式可以在 Windows 和 Mac 的環境下執行，為配合其他 .NET 的尋寶專案，以 Windows 的環境來介紹尋寶 App。

❶ Flutter 專案類型

Flutter 有以下三種專案類型，在建立時會使用不同的參數：

■ 一般專案：包含主要的操作畫面和商業規則。

■ Package：內容是 Flutter 程式，常見的做法是把可以重複使用的程式碼包裝成為 Package，讓其他專案可以參照，在建立時會加上參數 --template=package（或是 –t package）。

- Plugin：主要用途是存取各種平台的硬體資源，像是相機；它同時也可以包含 Flutter 程式。建立時會加上參數 --template= plugin；在尋寶 App 中沒有使用這種類型的專案。

尋寶 App 包含以下兩個專案：

- bao_app：尋寶 App 的主要程式，屬於一般專案。

- base_lib：與商業規則無關的公用程式，任何 Flutter 專案都可以參照使用，屬於 package 類型的專案。

❷ 專案目錄說明

專案包含的原始碼位於 lib 目錄下，它的子目錄以及檔案內容簡單說明如下：

- bao_app\lib：內容為 UI 畫面的檔案。

- bao_app\lib\models：Model 類別，檔案名稱後面的 dto 表示 data transfer object，用來做為運算的用途。

- bao_app\lib\services：具有商業規則的 Service 類別。

- base_lib\lib\all.dart：檔 案 內 容 為 base_lib 的 公 用 程 式 和 Model，當 bao_app 的程式需要參照 base_lib 的檔案，只要載入 all.dart，即可參照 base_lib 所有的檔案，它包含所有的公用程式，檔案內容如下：

```
export 'services/date_ut.dart';
export 'services/device_ut.dart';
export 'services/file_ut.dart';
export 'services/fun_ut.dart';
export 'services/http_ut.dart';
export 'services/json_ut.dart';
export 'services/pager_srv.dart';
export 'services/str_ut.dart';
export 'services/tool_ut.dart';
export 'models/pager_vo.dart';
```

- base_lib\lib\models：Model 類 別， 規 則 同 bao_app\lib\models 目錄。

- base_lib\lib\services：內容包含兩種公用程式，檔案名稱後面為 _ut 表示 Utility，用途為公用的靜態類別；_srv 表示 Service，用途為公用的非靜態類別。

❸ 公用程式內容

base_lib\lib\services 目錄下的檔案清單和用途如下：

- date_ut：日期資料格式轉換。

- file_ut：存取檔案資訊與目錄。

- fun_ut：底層的公用程式，包含系統正常運作所需要的參數。

- http_ut：發送 HTTP 請求與執行結果的判斷和處理。

- json_ut：JSON 資料格式的處理。

- pager_srv：分頁元件。

- str_ut：字串資料處理，包含加解密。

- tool_ut：彈出式訊息，像是訊息、確認視窗，或開啟畫面。

- widget_ut.dart：常用的 Flutter 元件清單，方便在程式中直接使用。

❹ 建立專案

Flutter 專案使用絕對路徑，和 Visual Studio 使用相對路徑不同，從別的地方下載 Visual Studio 多個專案後，只要把它們儲存在正確的相對目錄，即可成功編譯，但是 Flutter 則不行，所以 GitHub 下載的 bao_app、base_lib 兩個目錄內容只有包含原始碼和所引用的套件名稱，必須進入 VS Code 的終端機視窗，同時切換到 project 目錄，然後依次輸入以下兩行指令，系統會在 bao_app、base_lib 這兩個目錄底下分別建立編譯和執行時所需要專案、檔案以及子目錄：

```
//建立 bao_app 專案
flutter create --org com.bao_app

//建立 base_lib 專案
flutter create --template=package base_lib
```

上面第一行指令的─org 參數用來指定專案的命名空間為 com. bao_app，如果省略這個參數，則系統所建立的命名空間會是 com.example.bao_app。

接下來要下載專案裡面所引用的套件，在 VS Code 開啟 project/ bao_app/bao_app.code-workspace 檔案，它是 Flutter 的工作區 檔案，用途類似 Visual Studio 的方案，內容包含 bao_app、base_ lib 兩個專案目錄，進入終端機視窗切換到 bao_app 目錄，執行 指令：flutter pub get，從網路下載相關的套件到 Flutter SDK 目 錄下的 .pub-cache 子目錄。這樣專案的開發環境就建置完成 了，你可以編譯整個方案來驗證環境的正確性，執行的指令為： flutter build apk –debug

❺ pubspec.yaml

每個 Flutter 專案的根目錄下面都有一個 pubspec.yaml 檔案，它 用來記錄專案需要參考的外部套件，當你執行 flutter pub get 指 令時，系統即會讀取這個檔案來下載所需要的套件，這部分的內 容記錄在檔案的 dependencies 欄位，內容如下：

```
dependencies:
  flutter:
    sdk: flutter
  base_lib:
```

```
   path: ../base_lib
http: ^0.13.3
device_info: ^2.0.2
encrypt: ^5.0.1
path_provider: ^2.0.4
intl: ^0.17.0
archive: ^3.1.5
path: ^1.8.0
```

系統預設會從網路下載套件，例如 http: ^0.13.3，版本號碼前面
的尖號表示 http 套件允許的版本為 0.13.3~1.0.0；如果是自行開
發的套件則可以使用 path 參數來指定路徑，例如上面的 base_lib
欄位所參照即是 base_lib 專案。

❻ 三種執行模式

Flutter 程式有以下三種執行模式分別適用於不同的場合：

■ Debug：可以在實體機和模擬器（Emulator）上面執行，在
   這個模式下系統會以 JIT（Just in Time）即時編譯程式碼，減
   少編譯等待的時間，可以進行除錯，但產生的檔案較大，通
   常是用於系統開發過程使用。Hot Reload 只能在這個模式下
   進行，它可以在修改程式之後直接看到新的結果，省去重新
   啟動 App 的時間。在 Debug 模式下系統會啟動虛擬機器 VM
   （Virtual Machine）。

■ Release：只能在實體機上面執行，系統會以 AOT（Ahead Of Time）預先編譯程式碼，同時產生較小的檔案以及較快的執行速度，適合在系統開發完成，準備要發佈到實體機器時使用。

■ Profile：只能在實體機上面執行，在方法上接近 Release 模式，但是可以使用 Dart DevTools 開發者工具來測試 App 性能。

❼ launch.json

.vscode 目錄底下的 launch.json 用來記錄 Flutter 程式的多個組態，方便你可以在執行時指定，每個組態內常用的參數如下：

■ name：顯示名稱。

■ type：固定為 "dart"。

■ request：有兩個設定的選項，一般的狀況使用 launch，表示重新建立一個執行個體（Instance）；另一個為 attach，當你頻繁的發佈程式時，機器設備上面可能會暫存上一次的執行個體，同時出現無法連結本機的訊息（unable to connect 127.0.0.1…），這時候可以改用 attach 方式來執行。

■ program：預設為 "lib/main.dart"，表示啟動的檔案名稱，在 Mac 的環境下改變啟動檔案名稱可能會造成意外的錯誤。

■ flutterMode：內容即是上面提到的三種執行模式：debug、release、profile。

■ deviceId：表示執行設備的唯一代號，你可以把手機連上電腦，然後執行 flutter devices，系統會顯示目前所有可以使用的設備代碼，如圖 4-1 裡面的框線即是我的 Android 手機的 deviceId：

▲ 圖 4-1　Flutter 讀取設備清單

在這些設備代號中其中有一個 Chrome，使用這個設定時 Flutter 會以網頁的方式來執行這個程式，在這個模式下有最好的編譯和執行速度，對開發者來說十分方便，但是由於尋寶 App 使用了本機的檔案功能，這樣的功能在 Web 環境下無法正常運作，所以不會使用這種方式來開發尋寶 App，但是在 launch.json 檔案中依然保留了 Chrome 的設定提供給你做為參考。

當你建立 launch.json 之後，VS Code 左上方會出現這個檔案所包含的多個組態的下拉式選單，你可以選取其中一個項目之後，按下左邊的三角形圖示，系統即會顯示這個檔案的內容，讓你選擇要執行的組態，如圖 4-2：

▲ 圖 4-2 選取 launch.json 的組態

❽ Flutter 常用指令

在開發 App 的時候你需要在 VS Code 的終端機視窗執行 Flutter 指令來執行各種工作,這些常用的指令如下:

- flutter <command> -h:檢視某個指令的用法和參數。

- flutter --version:檢視 Flutter 版本。

- flutter doctor:檢視 Flutter 開發環境相關軟體的安裝狀態。

- flutter build apk --debug:建立 debug 版本 apk 檔案,如果省略一debug 參數則會建立 release 版本。

- flutter upgrade:更新 Flutter SDK,如果這個指令因為權限問題無法順利完成,可以手動的方式下載、更新最新的 Flutter SDK 版本到你指定的目錄。

- flutter pub get：取得 package 下載到 .pub-cache 目錄。

- flutter pub upgrade：更新 package 到可用的最新版本。

- flutter devices：顯示有效的設備資訊。

- flutter emulators：顯示可以使用的模擬器。

- flutter clean：清除 .pub-cache 目錄的套件。

- flutter config --android-studio-dir="xxx"：指定 Android Studio 的安裝路徑，有時候因為安裝順序先後的關係，Flutter 找不到正確的路徑，可以使用這個指令來修正，修正後必須重新啟動 VS Code。

- flutter config --android-sdk="xxx"：指定 Android SDK 的安裝路徑。

4-2

與 Web API 溝通

這個章節因為跟 Web API 有關，所以會提到一部分第 5 章的內容。手機 App 屬於前端程式，它一般透過呼叫後端的 Web API 來存取資料庫，兩者之間以 HTTP 協定來傳送請求和接收執行結果，在溝通時 Web API 的網址必須正確，同時兩邊的傳送和接收參數必須匹配。

後端的網址即為 Controller 裡面的 Action，沒有做其他的 Routing 設定，在撰寫程式的時候，每個 Controller 前面加上 [ApiController] 和 [Rount("controller"/"action")]，Controller 裡面的 Action 即會對前端程式開放，下面是 BaoApi HomeController.cs 部分的程式：

```
[ApiController]
[Route("[controller]/[action]")]
public class HomeController : ApiCtrl {
    [HttpPost]
    public async Task<ContentResult> Login([BindRequired] string
        info) {
        return JsonToCnt(await new HomeService().LoginAsync(info));
    }
    ...
```

HTTP 協定發送請求時會同時傳送 header 和 body 欄位，header 包含多個 key-value 型態的資料，其中欄位名稱為 content-type 的資料與傳送參數有關，以下是尋寶 App 會使用的兩種欄位內容：

- application/json：傳入 JSON 型態的資料，資料的內容記錄在 body 欄位。

- Text/plain：傳入簡單型態的資料，像是字串、數字，不使用 body 欄位。

在實作前端的 HTTP 功能時，必須配合開發工具所提供的功能，以 Flutter 來說，它使用的是 Dart 的 http 套件，為了簡化在程式中的應用，另外把這個功能實作在 base_lib/services/http_ut.dart 檔案，檔案名稱後面的 _ut 表示 Utility，用來標記這是一個靜態類別（Static Class），它包含以下的公用方法可以提供其他程式直接使用：

- getImageAsync：從後端傳回一個圖檔。

- getJsonAsync：呼叫後端程式，傳回 JSON 執行結果。

- getStrAsync：傳回文字執行結果。

- saveUnzipAsync：解壓縮後端檔案，並且儲存到前端。

另外，檔案裡面的 _getRespAsync 私有函數為實際呼叫 http 套件的程式，內容如下：

```
static Future<http.Response?> getRespAsync(BuildContext context,
    String action, [bool jsonArg = false,
    Map<String, dynamic>? json]) async {
  String body = '';
  String conType;
  Map<String, dynamic>? arg;
  //1.set content type
  if (jsonArg){
    body = (json == null) ? '' : jsonEncode(json);
    conType = 'application/json';
```

```
} else {
  conType = 'plain/text';
  arg = json; //as query string
}
var headers = {
  'Content-Type': conType + '; charset=utf-8',
};

//2.add token if existed
if (!StrUt.isEmpty(_token)) headers['Authorization'] =
  'Bearer ' + _token;

//3.show waiting
ToolUt.openWait(context);

//4.http request
http.Response? resp;
try {
  resp = await http
      .post(
        _apiUri(action, arg),
        headers: headers,
        body: body)
      .timeout(const Duration(seconds: 30));
} catch (e) {
  log('Error: $e');
} finally {
  //close waiting
```

```
    ToolUt.closeWait(context);
    }
    return resp;
}
```

程式解說

(1) 利用第三個傳入參數 jsonArg 來設定前面提到的 content-type
種類，執行 HTTP 請求時會利用這個欄位來定義傳送參數的資
料型態，常見的型態為 JSON 和文字；後端程式必須配合使
用正確的參數型態才能正常接收，當 jsonArg=true 時，後端
的傳入參數為 JObject 或是某個類別，否則就是一般的資料型
態，像是字串、數字。

(2) 尋寶 App 在自動登入系統之前的 HTTP 請求不會傳送 JWT 資
料，登入之後會得到後端程式傳來的 JWT，並且在往後的 HTTP
請求都會在 Headers 欄位加上這個 JWT，讓後端進行身份確
認。其中並沒有一個真正的登入畫面，如果在系統目錄下不存在
MyApp.info 這個文字檔案，則系統會判斷為未登入。

(3) 在呼叫後端 API 程式之前，顯示「working…」的等待視窗，
系統傳回執行結果後自動關閉這個視窗。

(4) 執行 HTTP 請求，等待結果的時間為 30 秒，超過這個時間系
統會顯示「無法存取遠端資料」的錯誤訊息，可能的原因是
網路無法連線或是 API 主機狀態異常。

前面提到前後端傳遞的參數型態必須一致，系統才能正常溝通；在後端傳入參數的部分有三種情形：

(1) 基本的資料型態：例如字串、數字，如果參數的數量很少只有一個或兩個，只要直接用簡單的資料型態來設定參數的內容即可。

(2) 類別變數：對於像是讀取某一個分頁資料的功能，前端程式會傳入固定的資料欄位，像是查詢的頁次，這時候會建立一個固定的類別，同時應用在所有的分頁功能。

(3) JSON 變數：當前端傳入的資料欄位比較多，同時不希望後端為此增加一個對應的類別，這時候會使用 JSON 這種資料格式，它的好處是可以避免類別檔案過多、不易管理的問題；缺點是無法使用強型別。如果傳入參數的使用範圍只侷限在少數程式，使用這種方式會比較方便。

針對前後端傳送參數的使用，建立了 test/art_test.dart 檔案來測試，它是一個單元測試程式，在 VS Code 開啟檔案之後，main 函數上面會出現 Run、Debug、Profile 三個連結，點擊 Debug 即可進入測試，程式內容如下：

```
void main() {
  test('ArgTest', () async {
    await XpUt.initFunAsync(true);  //initial test mode
```

```
    var data = {'Id':'id1', 'Str':'str1'};  //input data
    await HttpUt.getStrAsync(null, 'ArgTest/T1', false, data,
      (msg)=> log(msg));
    await HttpUt.getStrAsync(null, 'ArgTest/T2', true, data,
      (msg)=> log(msg));
    await HttpUt.getStrAsync(null, 'ArgTest/T3', true, data,
      (msg)=> log(msg));
  });
}
```

程式解說

因為測試功能使用了 HttpUt 公用程式，必須先執行 await XpUt.
initFunAsync 函數來初始化系統的執行環境，然後依序呼叫後端
ArgTest Controller 的 T1、T2、T3 Action，同時傳入不同型態的
參數，圖 4-3 顯示主控台的執行結果，你可以在 VS Code 直接測
試這個程式。

```
Launching test\test_arg.dart on G3226 in debug mode...
I/flutter (25185): 00:00 +0: TestArg
√  Built build\app\outputs\flutter-apk\app-debug.apk.
Connecting to VM Service at ws://127.0.0.1:53092/AFr9z
I/flutter (25773): 00:00 +0: TestArg
[log] T1: id=id1, str=str1
[log] T2: Id=id1, Str=str1
[log] T3: Id=id1, Str=str1
I/flutter (25773): 00:01 +1: All tests passed!
```

▲ 圖 4-3　測試前後端不同的參數型態

後端程式為 ArgTestController.cs，三個 Action 會單純的傳回所接
收到的參數內容，但是參數的型態都不相同，程式如下，：

```
[ApiController]
[Route("[controller]/[action]")]
public class ArgTestController : ApiCtrl {
    [HttpPost]
    public string T1(string Id, string Str) {
        return $"T1: id={Id}, str={Str}";
    }
    [HttpPost]
    public string T2(IdStrDto data) {
        return $"T2: Id={data.Id}, Str={data.Str}";
    }
    [HttpPost]
    public string T3(JObject data) {
        return $"T3: Id={data["Id"]}, Str={data["Str"]}";
    }
}//class
```

另外，尋寶 App 相關的組態內容位於 bao_app/lib/xp_ut.dart，它
用來確保系統可以正常與後端程式溝通，包含以下的屬性：

```
//1.is https or not
static const isHttps = false;


//2.api server end point
```

```
static const apiServer = '192.168.1.103:5001';

//3.aes key string with 16 chars
static const aesKey = 'YourAesKey';
```

程式解說

(1) 後端 Web API 是否使用 HTTPS，依據這個設定所產生連線 URL 會不同。

(2) Web API 主機的網址，不含前面的 http，但是包含後面的埠號。

(3) AES 加密金鑰，用來將敏感的資料傳送到後端，必須與 Web API 的金鑰相同（位於 BaoApi/Services/_Xp.cs）。

4-3

主畫面

手機因為大小尺寸的限制，在上面運行的應用程式大多以實用方便為原則，主畫面的樣式幾乎已經標準化了。

❶ 主畫面結構

主畫面本身不會包含太多的程式碼，bao_app/lib/main.dart 是尋寶 App 開始執行的程式，它包含系統的主畫面，結構上包含中間的空白區域，以及下方的三個功能按鈕，外觀如圖 4-4。當使用者點選按鈕時，系統會將對應的功能畫面載入中間的區域，同時以不同的顏色來表示目前所點選的按鈕，只要增加按鈕和對應的功能就可以輕鬆對系統加以擴充。在進入主畫面時，系統會載入第一個功能頁面。

▲ 圖 4-4　主畫面架構

main.dart 包含一個簡單的 main 函數為第一個執行的函數，其餘
為用來產生畫面的程式，主要程式內容如下：

```
class _MainFormState extends State<MainForm> {
  //1.控制要顯示的畫面
  int _index = 0;
  final _items = <Widget>[
    const Bao(),
    const Msg(),
    const MyData(),
  ];

  @override
  Widget build(BuildContext context) {
    //2.主畫面內容
    return Scaffold(
      body: SafeArea(
        child: _items.elementAt(_index),
      ),
      bottomNavigationBar: BottomNavigationBar(
        items: <BottomNavigationBarItem>[
          item('尋寶', Icons.redeem),
          item('最新消息', Icons.unsubscribe),
          item('我的資料', Icons.person),
        ],
        currentIndex: _index,
        selectedItemColor: Colors.green,
        unselectedItemColor: Colors.grey,
```

```
        onTap: onItem,
    ));}
  ...
}
```

(1) 變數 _index 表示目前作業中的功能序號，變數 _items 的內容是三個功能畫面元件，如果要擴充系統功能，只要增加操作畫面和功能按鈕即可。

(2) 主畫面是一個 Scaffold 元件，畫面中間利用 body 屬性來載入個別的功能畫面，畫面下方有三個功能按鈕，使用者點選時會載入對應的功能畫面。主畫面在結構上包含上方的標題下方的功能按鈕還有畫面中間的作業區域用來載入其他的頁面當你點選下面的功能圖示時系統會記錄連選的按鈕並且以不同的顏色標示，一開始系統會載入第一個功能按鈕的頁面。如果畫面上元件的內容是固定不會變動的，則可以在前面加上 const，系統將不會重新繪製，可以提高效能，body 屬性會載入目前的作業畫面，畫面下方的三個功能按鈕的外觀由 _index 變數來控制。

❷ 公用 Style

在開始撰寫 Flutter 程式之前，需要先決定如何設定元件的 Style。常見的 HTML 網頁將類別的 Style 記錄在一個 css 檔案裡面，然後將類別名稱加入元件的 class 屬性，即可達到外觀一致化、精簡程式的目的，但是在設定 Flutter 元件的外觀時，如果不使用預設的 Style，則必須直接指定，結果會使元件裡面包含很多 Style 相關的程式碼，維護較麻煩。

這裡介紹兩種設定 Flutter Style 的方式，第一種是在主畫面建立 MaterialApp 時指定它的 theme 屬性，屬性的內容即是 Style 所要設定的內容，整個 App 會套用你所指定的 Style，任何頁面上的元件要額外套用時可以使用語法 Theme.of(context).xxx 來讀取這些公用 Style。

尋寶 App 使用第二種簡單的方法，它用一個靜態類別來儲存目前 App 專案裡面常用的元件，並且在裡面設定你希望呈現的 Style，你可以在畫面中直接使用這些元件；檔案位在 bao_app/services/widget.dart，類別名稱為 WG；下面的程式是其中的一個方法 labelText，它用來顯示一組標籤和文字：

```
static Column labelText(String label, String text, [Color? color]) {
  return Column(
    crossAxisAlignment: CrossAxisAlignment.start,
```

```
    children: <Widget>[
      WidgetUt.text(14, label, Colors.grey),
      WidgetUt.text(18, text, color),
    ]);
}
```

在尋寶明細頁面 bao_detail.dart 的 build 函數裡面，直接使用
WG.labelText 函數來呈現內容，這樣可以大幅減少程式碼的數量
也容易維護，內容如下：

```
return Scaffold(
  appBar: WG.appBar('尋寶明細'),
  body: SingleChildScrollView(
    ...
    children: <Widget>[
      WG.labelText('尋寶名稱', json['Name']),
      WG.labelText('起迄時間', startEnd),
      WG.labelText('發行單位', json['Corp']),
      WG.labelText('是否需要移動', isMove ? '是' : '否',
        isMove ? Colors.red : null),
      WG.labelText('關卡數目', json['StageCount'].toString()),
    ...
```

尋寶作業

尋寶作業的程式檔案為 bao.dart，資料來源是 Bao 資料表。啟動
尋寶 App 時系統會自動載入尋寶畫面，或是可以點擊主畫面下方
的「尋寶」按鈕，它的功能畫面如圖 4-5（尋寶資料由第 6 章的
客戶系統所維護），畫面上方是功能名稱；中間會顯示目前可以
進行的尋寶遊戲清單，載入畫面時系統會從後端程式讀取這些資
料；最下方是分頁元件。

▲ 圖 4-5 尋寶畫面

❶ 尋寶畫面說明

在圖 4-5 的尋寶作業畫面中間會顯示多筆資料，總共有三種圖示：

🎁	尋寶的報酬為獎品。
$	尋寶的報酬為獎金。
🏃	必須前往尋寶地點，在這種情形下要特別注意遊戲安全性。

每一筆尋寶資料後面會顯示使用者參加的狀態，總共有三種情形：

- 已參加：表示你已經參加這筆尋寶資料，點擊之後會連結到遊戲進行畫面，它同時會出現在「我的資料」→「我的尋寶」裡面。

- 已答對：表示你已經提供了正確的關卡解答，點擊之後會進入遊戲進行畫面，但是無法再送出答案。它同時會出現在「我的資料」→「我的尋寶」裡面。

- 看明細：表示你還沒有參加這筆尋寶資料，點擊之後會進入尋寶明細畫面，你可以在這個畫面參加遊戲。

❷ 分頁元件

在查詢和顯示多筆資料時必須考慮效能的問題,同時處理過多的資料容易造成系統的效能降低,有時候也會影響到其他的使用者。透過建立一個分頁元件來解決這樣的問題,它的用途是在每次查詢和顯示時只處理一頁的資料,當資料庫裡面的筆數較多時,頁次數字鍵的左右兩邊會出現四個按鈕,分別用來執行第一頁、上一頁、下一頁、最末頁的功能,如圖 4-6:

▲ 圖 4-6 完整的分頁功能按鈕

分頁元件的檔案為 base_lib/lib/services/pager_srv.dart,檔名後面的 srv 用來註記這是一個 Service 類別,類別名稱為 PagerSrv。它有三個公用方法:PagerSrv、getDtJson、getWidget:

1. **PagerSrv**:建構函數,你可以利用傳入的參數來控制外觀和屬性,內容如下:

```
PagerSrv(Function fnOnClick,
    {int pageRows = 5,
    int numBtns = 5,
    double fontSize = 15,
    Color textColor = Colors.black,
```

```
Color textDisColor = Colors.grey,
Color textNowColor = Colors.white,
Color btnBgColor = Colors.blue}) {
```

傳入參數的用途為：

■ pageRows：每頁顯示的資料筆數。

■ numBtns：最多顯示的數字按鈕數量。

■ fontSize：按鈕文字的大小。

■ textColor：按鈕文字的顏色。

■ textDisColor：灰階按鈕的顏色。

■ textNowColor：目前選取的按鈕文字顏色。

■ btnBgColor：目前選取的按鈕文字的背景顏色。

2. **getDtJson**：Dt 取 jQuery Datatables 的意思，這個函數的功能是收集畫面上的查詢欄位資料，做為後端查詢資料庫的條件，包含頁次資料和將來可能會擴充的查詢條件 findJson，內容如下：

```
Map<String, dynamic> getDtJson([String findJson = '']) {
  return {
    'start': (_nowPage - 1) * _pageRows,
    'length': _pageRows,
    'recordsFiltered': _rowCount,
```

```
    'findJson': findJson,
  };
}
```

3. getWidget：傳回分頁元件，用來顯示在畫面上，內容如下：

```
Widget getWidget(PagerDto pagerDto) {
  ...
  //1.add first 2 buttons
  var btns = <Widget>[];
  var showFun = (_totalPages > _numBtns);
  bool status;
  if (showFun) {
    status = (_firstPage > 1);
    btns.add(_getButton(first, _getIcon(Icons.skip_previous, status),
      status));
    btns.add(_getButton(prev, _getIcon(Icons.navigate_before, status),
      status));
  }


  //2.add num buttons
  for (var i = _firstPage; i <= _lastPage; i++) {
    var fun = i.toString();
    btns.add((i == _nowPage)
        ? _getButton(fun, Text(fun, style: _textNowStyle), true,
          _btnBgColor)
        : _getButton(fun, Text(fun, style: _textStyle), true));
  }
```

```
//3.add last 2 buttons
if (showFun) {
  status = (_lastPage < _totalPages);
  btns.add(_getButton(next, _getIcon(Icons.navigate_next, status),
    status));
  btns.add(_getButton(last, _getIcon(Icons.skip_next, status),
    status));
}


//4.return widget
return Padding(
    padding: const EdgeInsets.only(top: 10),
    child: Row(
      children: btns,
      mainAxisAlignment: MainAxisAlignment.center,
      crossAxisAlignment: CrossAxisAlignment.center,
    ));
}
```

程式解說

- 第 1 段程式判斷數字左邊的兩個功能按鈕是否顯示，如果查詢的總共頁數大於數字按鈕的設定數量，而且畫面上首個按鈕的數字不是 1 則顯示。

- 第 2 段程式顯示數字按鈕。

- 第 3 段程式判斷數字右邊的兩個功能按鈕是否顯示，如果查詢的總共頁數大於數字按鈕的設定數量則顯示。

- 第 4 段程式將判斷的結果以元件傳回。

尋寶資料可能面臨多個手機 App 同時讀取的情形，可能會因為讀取資料庫的次數過於頻繁，造成系統的效能降低；所以後端程式建立了快取機制，在讀取某個頁次的尋寶資料時，系統會先檢查該頁的快取是否存在，如果存在就直接讀取；如果沒有則從資料庫讀取，同時將查詢結果寫入快取，方便下一次讀取。這部分內容將在第 5 章尋寶 Web API 介紹。

❸ 尋寶主程式

尋寶作業的檔案為 bao_app/lib/bao.dart，主要的程式內容如下：

```
class _BaoState extends State<Bao> {
  //1.宣告變數
  bool _isOk = false;        //state variables
  late PagerSrv _pagerSrv;   //pager service
  late PagerDto<BaoRowDto> _pagerDto;

  @override
  void initState() {
    //2.分頁元件, set first, coz function parameter !!
    _pagerSrv = PagerSrv(rebuildAsync);
```

```
    //call before rebuild()
    super.initState();


    //3.讀取資料call async rebuild
    Future.delayed(Duration.zero, ()=> rebuildAsync());
}


/// rebuild page
Future rebuildAsync() async {
    //4.檢查初始狀態, check initial status
    if (!await XpUt.isRegAsync(context)) return;


    //5.讀取資料庫, get rows & check
    await HttpUt.getJsonAsync(context, 'Bao/GetPage', true,
        _pagerSrv.getDtJson(),(json){
        if (json == null) return;


        _pagerDto = PagerDto<BaoRowDto>.fromJson(json,
            BaoRowDto.fromJson);
        _isOk = true;
        setState((){}); //call build()
    });
}


//6.顯示畫面內容, get view body widget
Widget getBody() {
    var rows = _pagerDto.data;
```

```
      if (rows.isEmpty) return XpUt.emptyMsg();

      var list = XpUt.baosToWidgets(rows, rowsToTrails(rows));
      list.add(_pagerSrv.getWidget(_pagerDto));
      return ListView(children: list);
   }

//7.畫面結構
   @override
   Widget build(BuildContext context) {
     //check status
     if (!_isOk) return Container();

     //return page
     return Scaffold(
       appBar: WG.appBar('尋寶'),
       body: getBody(),
     );
   }
   ...
}
```

程式解說

(1) 底線開頭的變數名稱表示生命週期存在這個尋寶畫面，這也是尋寶 App 習慣的使用方式。變數 _isOk 表示畫面目前的準備狀態，如果為 false 則顯示空白畫面，如果為 true，則 build

函數會傳回完整的畫面；_pagerSrv 是分頁元件，_pagerDto 是分頁元件所存取的資料。

(2) 初始化分頁元件，同時指定回傳函數，當使用者點擊分頁元件上面的頁次按鈕時觸發。

(3) 以非同步的方式來執行 rebuildAsyns 函數，它的用途是讓系統在載入這個畫面時，立即讀取尋寶資料，然後顯示在畫面上。由於所在的 initState 函數並不是非同步，所以必須透過 Future.delayed 函數來呼叫。

(4) 檢查是否已經完成註冊，開始執行系統時，使用者必須上傳基本資料完成註冊的步驟，否則執行其他功能時都會顯示提示訊息，請使用者進入「維護基本資料」作業進行註冊。

(5) 發送非同步的 HTTP 請求來讀取尋寶資料，後端會傳回多筆 JSON 格式的資料，然後將回傳的分頁相關資料寫入變數 _pagerDto，同時設定 _isOk=true 表示畫面的準備狀態為完成。另外在程式中 PagerDto 類別會將每一筆 JSON 資料轉換成為 BaoRowDto 類別的資料，方便在程式中以強型別的方式讀取裡面的屬性或欄位，其中 BaoRowDto 類別必須實作 fromJson 方法將 JSON 資料轉換成類別屬性，函數宣告為靜態，因為它會透過 BaoRowDto 這個類別來取得函數的內容，這也是 Dart 語言轉換類別常用的處理方式，程式如下：

```
static BaoRowDto fromJson(Map<String, dynamic> json){
  return BaoRowDto(
    isMove : (json['IsMove'] == 1),
    isBatch : (json['IsBatch'] == 1),
    giftType : json['GiftType'],
    id : json['Id'],
    name : json['Name'],
    corp : json['Corp'],
    startTime : json['StartTime'],
  );
}
```

(6) 顯示查詢的結果並且更新分頁元件的顯示內容；空白的話
則會在頁面中間顯示「目前無任何資料」。另外在我的尋寶
作業有類似的需求必須顯示尋寶的查詢結果，所以將這個
由多筆尋寶資料轉換成為畫面元件的功能做成共用的 XpUt.
baosToWidgets 函 數，XpUt 靜 態 類 別 的 檔 案 為 bao_app/
services/xp_ut.dart，它的內容是 bao_app 專案裡面的公用程
式和系統設定。

(7) 畫面的結構為 Scaffold 元件，當 _isOk=false 時傳回空白的
Container 元件。

❹ 尋寶明細畫面

在尋寶作業點擊資料後面的「看明細」連結時，會開啟圖 4-7 的尋寶明細畫面，系統同時會透過後端程式讀取這一筆資料，並且利用活動的起迄時間和資料的狀態，來決定目前的 App 用戶能不能參加這個遊戲；使用者可以在這個頁面檢視這個遊戲的詳細內容，如果畫面下方的「我要參加」按鈕是有效的，則點擊它即可加入這個遊戲，系統會在資料庫寫入一筆 BaoAttend 資料，這筆資料同時會出現在「我的資料」→「我的尋寶」作業裡面。

▲ 圖 4-7　尋寶明細畫面

尋寶 App 裡面大部分的操作畫面都有類似的程式結構，在學習上會輕鬆許多，只要確認畫面要呈現的資料和效果，再撰寫對應的事件函數，程式基本上可以正常運作。以下是尋寶明細畫面 build 函數的部分程式：

```
@override
Widget build(BuildContext context) {
  if (!_isOk) return Container();
  ...
  return Scaffold(
    appBar: WG.appBar('尋寶明細'),
    body: SingleChildScrollView(
      padding: WG.pagePad,
      child: Column(
        crossAxisAlignment: CrossAxisAlignment.start,
        children: <Widget>[
          WG.labelText('尋寶名稱', json['Name']),
          WG.labelText('起迄時間', startEnd),
          WG.labelText('發行單位', json['Corp']),
          ...
          WG.tailBtn('我要參加', (XpUt.getAttendStatus(widget.id)
              == null) ? ()=> onAttendAsync(widget.id) : null),
          ...
}
```

在上面的內容中除了使用 WG.labelText 函數來簡化程式，json 是一個 Map 類型的變數，它的內容是後端傳回來的尋寶明細 JSON 資料，由於所應用的程式範圍不大，並沒有將它轉換為類別變數，直接在程式中指定欄位來讀取內容，例如：json['Name']。

4-5

最新消息作業

最新消息作業的程式檔案為 msg.dart，資料來源是 Cms 資料表。進入這個畫面時，系統會以分頁的方式，顯示目前有效的資料清單，如圖 4-8，其中的訊息資料包含兩種格式的內容，第一種是系統公告，內容為文字格式；第二種是電子賀卡圖檔，它們分別由第 7 章管理系統的「系統公告」和「電子賀卡」作業所維護。

跟尋寶作業類似，後端傳回分頁資料後，程式會轉換為 MsgRowDto 類別。

▲ 圖 4-8　最新消息畫面

點擊「看明細」連結會依照不同的內容格式來顯示明細頁內容，程式檔案為 msg_detai.dart，圖 4-9、4-10 顯示這兩種格式的訊息內容：

▲ 圖 4-9　電子賀卡內容

▲ 圖 4-10　系統公告內容

這兩種訊息會以資料表的 Cms.CmsType 欄位來判斷資料種類，後續可以很容易的擴充。讀取資料與顯示畫面的程式由 msg_detail.dart 的 rebuildAsync 函數來處理，內容如下：

```
Future rebuildAsync() async {
    //1.get Cms row
```

```
await HttpUt.getJsonAsync(context, 'Cms/GetDetail', false,
  {'id': widget.id}, (json) {
  //2.async function
  Future.delayed(Duration.zero, () async {
    //check result
    _isOk = (json != null);
    if (!_isOk) return;

    _json = json!;
    _isCard = (json['CmsType'] == CmsTypeEstr.card);
    if (_isCard){
      //3.get image file
      _bodyWidget = await HttpUt.getImageAsync(context,
        'Cms/ViewFile', { 'id':widget.id,
        'ext':FileUt.jsonToImageExt(json)});
      _bodyWidget ??= XpUt.emptyMsg();
    } else {
      _bodyWidget = WG.labelText('訊息內容', json['Text']);
    }

    setState((){});
  });
});
}
```

程式解說

(1) 以非同步的方式呼叫後端程式 Cms/GetDetail（Cms Controller 的 GetDetail Action）傳入資料 Id 來讀取一筆 Cms 資料，並且傳回 JSON 格式資料。

(2) 透過 Future.delayed 在 HttpUt.getJsonAsync 的回傳函數（callback function）使用非同步功能。

(3) 當資料種類為電子賀卡時，呼叫後端的 Cms/ViewFile 功能，傳回圖檔內容，用來顯示在畫面上。

4-6

我的資料作業

程式檔案為 my_data.dart，這個作業畫面包含所有跟使用者個人有關的內容，目前有兩個項目，第一個是我的尋寶，用來顯示使用者參加的遊戲清單，並且進行闖關；第二個是維護基本資料，功能是建立或是修改使用者的個人資料，如圖 4-11：

▲ 圖 4-11　我的資料作業

❶ 我的尋寶作業

程式檔案為 my_bao.dart，來源資料為 BaoAttend 資料表。這個
畫面用來顯示使用者曾經參加的尋寶遊戲，如圖 4-12，多筆資
料左邊的欄位與尋寶作業相同，右邊的連結文字如果顯示「解
題」表示這個遊戲還在進行中，點擊後，系統會顯示遊戲的關卡
內容，使用者可以針對這個遊戲來回答；如果顯示文字為「已答
對」則表示你已經順利完成這個遊戲。

▲ 圖 4-12　我的尋寶作業

答題的方式分成兩種，第一種是循序回答（如圖 4-13，程式檔案為 stage_step.dart），系統每次顯示一個關卡的題目，使用者依序回答，如果正確則繼續下一個關卡直到遊戲結束；另一種方式是批次回答（程式檔案為 stage_batch.dart），系統會同時顯示所有的關卡題目，使用者填入全部的答案後送出，每一個關卡的題目都全部回答正確，這個遊戲才會結束。

答題的方式由第 6 章客戶系統的「尋寶資料維護」作業所設定，
關卡內容儲存在 BaoStage 資料表，其中的 Answer 欄位為正確的
解答，內容為 MD5 加密字串。

▲ 圖 4-13　循序關卡

❷ 維護基本資料作業

這個功能用來設定使用者的基本資料，在進入尋寶 App 以及操作
的過程中，如果使用者還沒有完成註冊，系統會提示到這個作業

來進行註冊，完成之後才可以順利讀取尋寶資料。註冊的流程如圖 4-14：

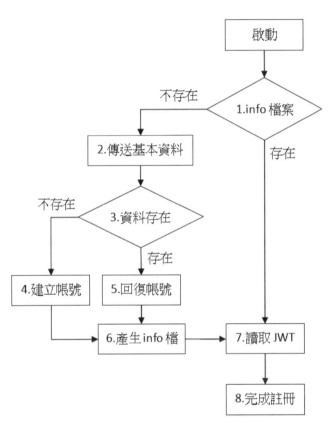

▲ 圖 4-14 系統註冊的流程

流程解說

(1) 系統先檢查程式根目錄下的 MyApp.info 文字檔案是否存在，檔案的內容是使用 AES 加密的使用者代碼。

(2) 你可以到「我的資料」→「設定基本資料」作業，來建立或是修改個人的資料。

(3) 儲存基本資料時，系統會利用 Email 欄位內容來判斷該帳號是否存在。

(4) 建立帳號之後，系統會傳送認一組五個數字的認證號碼到你輸入的信箱，你必須在畫面上再將這個認證號碼傳送回來驗證。認證 Email 的內容如圖 4-15：

客服部 <test66tw@gmail.com>
寄給 我 ▾

尋寶123aa 先生/女士 您好：
我們收到建立新帳戶的要求，您的認証碼為 27198，此認証碼的有效時間為 10 分鐘

※ 此郵件是由 [尋寶系統] 自動發送，請勿直接回覆此郵件！

- 電話：0800-111-xxx
- 傳真：02-1234-xxxx

▲ 圖 4-15　新增帳號認證 Email

(5) 如果你曾經註冊尋寶 App 但是後來把它移除了，則系統會詢問是否回復這個帳號，然後重新寄送認證信件。

(6) 後端程式順利建立或是回復這個帳號之後，系統會傳回加密後的使用者代號和 JWT 資料，尋寶 App 將使用者代號儲存為 MyApp.info 檔案。

(7) 後續尋寶 App 的 HTTP 請求都會在 Headers 區段加入 JWT 資料。

(8) 系統會檢查 JWT 資料來判斷使用者身份的合法性，以確定註
　　冊是否完成。

維護基本資料的畫面如圖 4-16，進入這個畫面時系統會先檢查
MyApp.info 檔案，如果不存在，則認定這是新用戶，畫面下方
的按鈕文字顯示「建立帳號」，否則為「修改資料」。其中灰色的
手機號碼和 Email 欄位只能在新增帳號時輸入。它的程式檔案為
user_edit.dart，資料來源為 BaoApp 資料表。

▲ 圖 4-16　修改基本資料

另外，在前後端程式利用 HTTP 傳送重要的用戶資料時，為確保資料的安全性，系統會使用 AES 加密處理，加密時兩邊的程式必須使用相同的金鑰，前端的函數為 XpUt.encode，內容如下：

```
static String encode(String data) {
  return StrUt.aesEncode(data, _aesKey);
}
```

4-7
本章結論

手機裝置具備方便性和普及性，Flutter 提供跨平台的功能，讓程式設計師使用輕鬆的方式來開發不同平台的 App。它可以處理的內容可以簡單分為兩種，第一種是強調使用者體驗與即時的互動性，對於這方面的工作，Flutter 可能需要更多的案例來驗證它是否能勝任；第二種以處理資料為主，Flutter 的能力則可以確定。學習新工具的有效率方式是從範例去學習，尋寶 App 是一個完整的範例，配合第 5 章的 API，你可以在自己的 Android、iPhone 手機運行這個 App，從實際的操作畫面去熟悉 Flutter。

這個 App 包含兩個部分第一個是尋寶 App 系統，它具備一個完整的結構，包含：與其他系統的溝通、檔案的存取、圖檔的顯示、資料維護、分頁功能 ... 除了可以當作範例程式來學習,如果你正在準備開發手機 App,也可以直接修改它的內容成為自己的專案,相信會節省不少時間。第二個部分是公用程式 base_lib,包含了許多基本資料的處理,內容與商業規則無關,可以在其他的專案中引用,同時它會隨著時間和累積,使得裡面的功能越來越完備,應用範圍越來越廣。

以下是這一章的內容可以參考的技術:

1. 建立 HttpUt 類別(http_ut.dart)來處理 App 和後端 API 程式的溝通。系統間的溝通常常是開發應用程式遇到的第一個門檻,必須考慮兩個系統的差異性,程式設計師需要花時間尋找套件、範例以及測試,才能解決。

2. 建立 PagerSrv(pager_srv.dart)來處理分頁問題。網路上目前沒有合適的免費元件可以使用,你可以直接使用這個元件,節省開發的時間。

3. 使用兩種方式來顯示圖檔:第一種是直接呼叫後端的程式來下載圖檔,例如顯示最新消息裡面的電子賀卡;第二種是從後端下載圖檔的壓縮檔,再到前端解壓、顯示,例如尋寶關卡的解答畫面。

4. 使用者 Email 來進行使用者身份認證。

尋寶遊戲本身具備趣味性,老少咸宜,如果你也有興趣也可以繼續研究。

Note

5

Chapter

尋寶 Web API

尋寶 Web API 的系統名稱為 BaoApi，它是第 4 章尋寶 App 的後端程式，主要提供存取檔案和資料庫的功能，使用 ASP.NET Core 6，開發工具為 Visual Studio 2022。

5-1 專案環境設定

BaoApi 在執行時需要參照 BaoLib、Base、BaseApi 三個專案，在 Visual Studio 開啟 BaoApi/BaoApi.sln 檔案後，方案總管的內容如圖 5-1：

▲ 圖 5-1　BaoApi 方案總管

或是你也可以開啟 BaoApi/BaoAll.sln，它包含所有 .NET 的尋寶相關專案，在檢視不同專案的內容時比較方便，如圖 5-2：

▲ 圖 5-2　BaoAll 方案總管

❶ 專案目錄

- _data：內容是一些有用的資料，其中 createDb.sql 用來建立 Bao 資料庫；Tables.docx 是尋寶的資料庫文件。

- _image：系統所需要的圖檔。

- _log：系統記錄文字檔，檔名為日期，後面的文字用來註記為不同類型的內容，例如：error 表示錯誤、sql 表示 SQL 內容、info 表示一般資訊、debug 表示除錯；其中 sql 和 debug 會由組態來設定是否記錄，這個目錄在其他專案有相同的用途，目錄內容如圖 5-3：

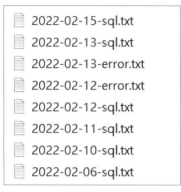

▲ 圖 5-3　_log 目錄內容

- _template：專案使用的範本檔案。

- 其他的目錄像是 Controllers、Enums、Models、Services 為專案的程式。

❷ 系統組態設定

跟組態相關的有兩個檔案，第一個是 appsettings.json，內容如下：

```
"XpConfig": {
  "DirStageImage": "D:\\_project2\\BaoCust\\_upload\\Stage\\",
  "DirCms": "D:\\_project2\\BaoAdm\\_upload\\Cms"
},
"FunConfig": {
  "Db": "data source=(localdb)\\mssqllocaldb;initial catalog=Bao;
    integrated security=True;multipleactiveresultsets=True;",
  "LogSql": "true",
```

```
  "Smtp": "smtp.gmail.com,587,true,xxx@gmail.com,xxx,
    service@bao.com,客服部",
  "Redis": "127.0.0.1:6379"
}
```

XpConfig 這個區段記錄的是 BaoApi 專案裡面的組態設定，裡面的欄位會對應 BaoApi/Models/XpConfigDto 類別，你可以依照系統的需求來自行擴充，其中的 DirStageImage 欄位是關卡圖檔的目錄，它會指向第 6 章客戶系統所上傳的關卡圖檔目錄，App 使用者在答題時，系統會從這個目錄下載關卡的圖檔；DirCms 會指向第 7 章管理系統的 CMS 目錄，裡面包含電子賀卡所上傳的圖檔子目錄。FunConfig 區段記錄的是公用程式所需要的組態，欄位內容說明如下，完整的欄位清單可以自行參考 Base/Models/ConfigDto 類別：

■ SystemName：系統顯示名稱。

■ Db：資料庫連線字串。

■ SlowSql：SQL 執行時間超過這個毫秒數時，會寫入錯誤記錄檔，管理者可以根據這個內容來調整 SQL 的執行效率。

■ LogSql：是否記錄 SQL 內容到 log 檔案，產生的 log 檔名後面為 sql。

■ RootEmail：管理者 Email，如果有值則系統發生錯誤時會寄送郵件通知管理者，在使用時必須先正確設定組態檔裡面的 Smtp 欄位。

- TesterEmail：測試者 Email，如果有值，則所有 Email 都會轉寄到此，以防止在測試期間誤寄 Email。

- Smtp：寄送 Email 的 SMTP 設定，包含七個欄位並且以逗號做分隔。

- Redis：Redis Server 主機 IP 和埠號，系統使用 Redis 來儲存 Cache 資料，你必須先安裝 Redis Server。

另外一個跟組態有關的是 BaoApi/Services/_Xp.cs 裡面的兩個常數，內容如下：

```
//AES & JWT key
private const string AesKey = "YourAesKey";
private const string JwtKey = "YourJwtKey";
```

AesKey 是 AES 加密金鑰，當前後端程式傳送敏感的資料會使用這個方式來加解密，AesKey 的內容必須與 bao_app/services/xp_ut.dart 裡面的 aesKey 相同。另一個常數 JwtKey 是 JWT 金鑰，在下面的章節介紹。

❸ Startup.cs

啟動 API 時會執行 Startup.cs 的 ConfigureServices 函數（或稱類別方法），它會設定系統許多底層程式所需要的功能，程式內容如下：

```
public void ConfigureServices(IServiceCollection services) {
    //1.JSON控制
    services.AddControllers()
        .AddNewtonsoftJson(opts => { opts.UseMemberCasing(); })
        .AddJsonOptions(opts => { opts.JsonSerializerOptions
            .PropertyNamingPolicy = null; });


    //2.Swagger API文件
    services.AddSwaggerGen(c => {
        c.SwaggerDoc("v1", new OpenApiInfo {
            Title = "BaoApi", Version = "v1"
        });
    });


    //3.http context
    services.AddSingleton<IHttpContextAccessor,
        HttpContextAccessor>();


    //4.user info for base component
    services.AddSingleton<IBaseUserService, MyBaseUserService>();


    //5.ado.net for mssql
    services.AddTransient<DbConnection, SqlConnection>();
    services.AddTransient<DbCommand, SqlCommand>();


    //6.appSettings "FunConfig" section -> _Fun.Config
    var config = new ConfigDto();
    Configuration.GetSection("FunConfig").Bind(config);
```

```
_Fun.Config = config;

//7.appSettings "XpConfig" section -> _Xp.Config
var xpConfig = new XpConfigDto();
Configuration.GetSection("XpConfig").Bind(xpConfig);
_Xp.Config = xpConfig;

//8.jwt認證
services
    .AddAuthentication(JwtBearerDefaults.AuthenticationScheme)
    .AddJwtBearer(opts => {
        opts.TokenValidationParameters = new
        TokenValidationParameters {
            ValidateIssuer = false,
            ValidateAudience = false,
            ValidateLifetime = true,
            //是否認證超時  當設置exp和nbf時有效
            ValidateIssuerSigningKey = true,   //是否驗證密鑰
            IssuerSigningKey = _Xp.GetJwtKey(), //SecurityKey
        };
    });
}
```

程式解說

(1) 解決 Newtonsoft Json 大小寫問題，系統使用 Newtonsoft 來
    處理 Json 資料，當 ASP.NET Core 回傳 Json 資料到前端網頁
    時，會自動轉換成小 Camel 格式，造成許多不便和錯誤，加上

UseMemberCasing 這個選項之後，可以讓資料維持原本的大小寫格式。另外，從 Controller 傳回 JsonResult 資料時會有類似的大小寫問題，必須加上 PropertyNamingPolicy = null 這個選項。

(2) 產生 Swagger API 文件。

(3) 註冊 HttpContext：在系統內的許多地方需要存取 Request、Response、Cookie、Session 這些物件，它們必須透過 HttpContent 來存取，所以先註冊 HttpContext，然後在 BaseWeb/Services/_Web.cs 公用程式裡面可以很方便存取這些物件。

(4) 設定讀取登入者的基本資料的服務程式為 BaseUserService 類別，這是系統的處理方式，用來提供核心程式讀取使用者的基本資料。

(5) 使用 ADO.NET 來處理 CRUD 功能裡面對資料庫的存取，這兩行程式用來註冊 SqlConnect、SqlCommand 類別，它同時表示在系統中所要存取的是 MSSQL 資料庫。

(6) 讀取組態檔資料：把系統組態 appsetting.json 檔案裡面 XpConfig 區段的欄位資料儲存到 _Xp.Config 變數裡面，方便系統在任何地方透過這個變數來讀取這些組態內容。

(7) 讀取組態檔資料：把系統組態 appsetting.json 檔案裡面 FunConfig 區段的欄位資料儲存到 _Fun.Config 變數裡面供核心程式讀取。

(8) 設定使用 Bearer JWT 來執行認證使用者的身份，以及所需要認證的欄位和加密金鑰的內容。

❹ JWT 認證

JWT 的全名是 JSON Web Token，它是一種較為安全的身份認證方式，使用時由後端程式產生一段加密的文字並且傳送到前端，其中包含使用者的帳號相關資料，前端程式對後端的任何請求都會加入這段加密文字，系統可以利用它來辨別使用者的身份以及存取資源的合法性。JWT 可以取代 Session 機制，實現主機的無狀態（Stateless）。

在 ASP.NET Core 實作 JWT 的步驟如下：

1. 在 Startup.cs 的 ConfigureServices 函數建立 JWT 認證以及需要的欄位，然後在 Configure 函數執行 UseAuthentication、UseAuthorization 表示要啟用認證和授權功能；其中認證（Authentication）用來決定使用者身分的識別方式，授權（Authorization）則是判斷使用者是否有權限存取資源。

2. 使用者登入後，依照 Startup.cs 所設定的 JWT 認證欄位以及要包含的使用者資料來產生 JWT 字串，並且傳送到前端儲存。這部分可以參考 HomeService 的 LoginAsync 函數，主要內容如下：

```
public async Task<JObject> LoginAsync(string encodeId) {
    var userId = _Xp.Decode(encodeId);
    var token = new JwtSecurityToken(
        claims: new[] {
            new Claim(ClaimTypes.Name, userId),
        },
        signingCredentials: new SigningCredentials(
            _Xp.GetJwtKey(),
            SecurityAlgorithms.HmacSha256
        ),
        expires: DateTime.Now.AddMinutes(60)
    );
...
}
```

3. 前端程式傳送 HTTP 請求時，會在傳送的 Headers 區段加入欄位 Authorization，內容為 JWT 字串（前面加上 "Bearer "）。

4. 後端 Controller 或是 Action 如果需要檢查 JWT 的合法性，則加上 [Authorize] 屬性，系統即會自動做驗證，如果未傳入正確的 JWT 字串，則會傳回 401 錯誤代碼。

5. 如果要讀取 JWT 裡面的使用者代號，可以參考 Services/MyBaseUserService.cs 的 GetData 函數，內容如下：

```
public BaseUserDto GetData() {
    var authStr = _Http.GetRequest().Headers["Authorization"]
        .ToString().Replace("Bearer ", "");
```

```
var token = new JwtSecurityTokenHandler()
    .ReadJwtToken(authStr);
var userId = token.Claims.First(c => c.Type == ClaimTypes.Name)
    .Value;
return new BaseUserDto() {
    UserId = userId,
};
}
```

檔案 TestJwtController.cs 用來測試 JWT，它包含兩個 Action，
Login 模擬 HomeService 的 LoginAsync 函數，將你輸入的 userId
存入 JWT 字串，然後回傳。

AfterLogin 函數前面加上 [Authorize]，表示必須通過 JWT 授權的
檢查才能存取，否則會出現 401 未授權訊息。

```
[HttpPost]
public string Login([BindRequired] string userId) {
    var token = new JwtSecurityToken(
        claims: new[] {
            new Claim(ClaimTypes.Name, userId),
        },
        expires: DateTime.Now.AddMinutes(60),
        signingCredentials: new SigningCredentials(
            _Xp.GetJwtKey(),
            SecurityAlgorithms.HmacSha256
        )
    );
```

```
      return new JwtSecurityTokenHandler().WriteToken(token);
}


[Authorize]
[HttpPost]
public string AfterLogin() {
    return $"After Login OK, your userId={_Fun.UserId()}";
}
```

測試的方式由於必須輸入 Headers 欄位，使用 Postman 會比較方
便。啟動 BaoApi 系統後，開啟 Postman 呼叫 TestJwt/Login，同
時傳入參數 userId= 任意值，例如：aa，系統會傳回長長的 JWT
字串，複製之後依照圖 5-4 的步驟：

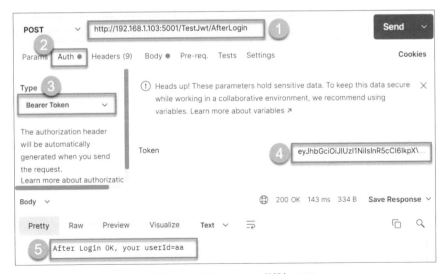

▲ 圖 5-4　以 Postman 測試 JWT

步驟說明

(1) 網址後面為 TestJwt/AfterLogin。

(2) 要傳入的資料選擇 Authorization，也可以選擇 Headers，但
輸入的資料會比較多，得到的結果相同。

(3) Type 為 Bearer Token。

(4) Token 內容要貼上剛才回傳 JWT 字串。

(5) 按下右上方的 Send 按鈕後會得到字串…userId=aa 表示成功
以 JWT 的方式呼叫後端的授權功能，同時傳回使用者代號。

系統在許多地方需要辨認使用者的身份，所以在 Startup.cs 註冊
了 MyBaseUserService 這個程式，它的用途即是在讀取使用者基
本資料，實際的作法是從 HTTP 裡面的 JWT 字串讀取使用者代
號，程式內容如下：

```
public class MyBaseUserService : IbaseUserService {
    //get base user info
    public BaseUserDto GetData() {
        var authStr = _Http.GetRequest().Headers["Authorization"]
            .ToString().Replace("Bearer ", "");
        var token = new JwtSecurityTokenHandler()
            .ReadJwtToken(authStr);
        var userId = token.Claims.First(c => c.Type == ClaimTypes
            .Name).Value;
        return new BaseUserDto() {
```

```
        UserId = userId,
    };
}}
```

❺ IIS Express 設定

考慮效能和實際運行的真實環境,使用實體手機來做前端程式的
測試,而不使用模擬器。在開發系統階段要讓前端 App(手機)
和後端 API(PC)可以順利溝通,你可以遵循下面的步驟:

1. 手機和 PC 使用同一台 wifi 分享器來連接網路,以確保兩台機
   器得到相同的網段,可以互相溝通。

2. PC 設定固定 IP,內容為 wifi 分享器所提供的合理 IP。

3. API 系統 IIS Express 的 IP 設為項目 2 的內容,同時加上埠號,
   如圖 5-5:

▲ 圖 5-5 IIS Express 設定固定 IP

4. 防火牆必須開啟上面的埠號，如果沒有開啟，系統不會顯示錯誤，但 App 會連線失敗。

5. 因為使用固定 IP，必須以管理員的身份開啟 Visual Studio 與 BaoApi，否則啟動 IIS Express 進行除錯時會出現錯誤訊息。

6. 在 bao_app/services/xp_ut.dart 檔案，配合上述的組態，設定正確的 isHttps 和 apiServer 變數的內容，參考如下：

```
class XpUt {
  static const isHttps = false;
  static const apiServer = '192.168.1.103:5001';
```

5-2

與前端程式的對應

BaoApi 的 Action 會對應尋寶 App 的操作功能如以下表格：

Controller/Action	說明	對應 App 功能
Bao/GetPage	傳回一頁尋寶資料	尋寶作業查詢資料
Bao/GetDetail	傳回尋寶明細資料	尋寶明細畫面
Cms	傳回系統公告和電子賀卡	最新消息作業
Home/Login	登入系統	App 啟動時
Home/Error	錯誤處理，在 Startup.cs 設定	

Controller/Action	說明	對應 App 功能
MyBao/GetPage	傳回一頁我的尋寶資料	我的尋寶查詢資料
Stage/GetBatchImage	傳回批次關卡所有圖檔的壓縮檔	批次關卡解題畫面
Stage/GetStepImage	傳回目前的循序關卡的圖檔的壓縮檔	循序關卡解題畫面
Stage/ReplyBatch	回覆批次關卡的答題	批次關卡解題
Stage/ReplyStep	回覆循序關卡的答題	循序關卡解題
TestArg/T1,T2,T3	測試前後端的傳入參數種類	test/test_arg.dart
TestJwt/Login,AfterLogin	測試 JWT	
User/Create	建立使用者帳號	在維護基本資料作業按下「建立帳號」
User/Update	修改使用者帳號	在維護基本資料作業按下「修改帳號」
User/GetRow	傳回使用者帳號明細	維護基本資料畫面
User/Auth	比對使用者的認證碼	送出認證號碼
User/EmailRecover	寄送回復帳號的通知郵件	執行回復帳號時
XpCms	CMS 上層類別	

Controller 提供前端程式的服務入口以及控制權限，一般不會包含太多程式碼；Service 則是實作各種功能的地方，其中 CRUD 是常見的功能，它表示新增、查詢、修改、刪除，為了簡單區別檔案類型、方便維護，檔名後面加上 Read 表示查詢、加上 Edit 表示修改或檢視，其他則遵照一般規則在類別名稱後面加上 Service，目錄內容如圖 5-6：

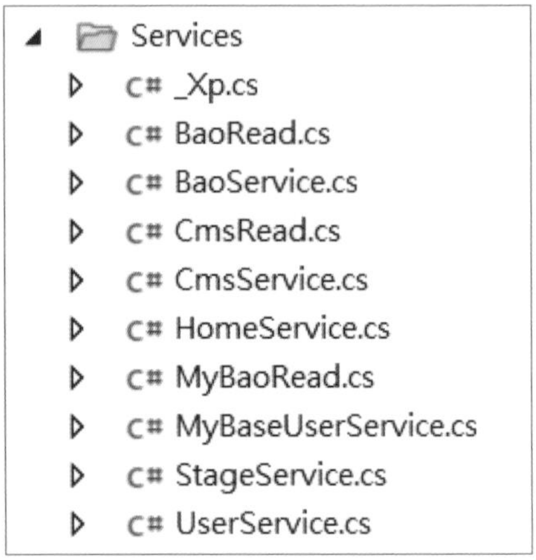

▲ 圖 5-6　Service 檔案清單

其中 _Xp.cs 是靜態類別，用來記錄部分的系統組態以及專案內會重複使用的功能，透過這種方式可以簡化系統，這個檔案的功能和函數清單如下：

- 讀取各種目錄的路徑：DirStageImage、DirCms、DirCmsType

- 字串加解密：Encode、Decode

- JWT：GetJwtKey

- 傳回各種圖檔：ViewFileAsync

- Email 功能：EmailNewAuthAsync、EmailRecoverAsync

CRUD 功能容易模組化，以「我的尋寶」MyBaoRead.cs 為例，
在程式中你只要設定查詢資料的 SQL 即可完成讀取分頁資料的
功能，其他則由公用程式來處理；它的檔案內容如下，其中的
ReadSql 變數是查詢資料的 SQL，一般的做法是先在 SSMS 測試
語法以及讀取的資料是否正確，完全無誤後再貼到程式裡，然後
加入必要的參數：

```
public class MyBaoRead {
private readonly ReadDto readDto = new() {
     ReadSql = $@"
select b.IsMove, b.IsBatch, b.GiftType,
    b.StartTime, Corp=c.Name, b.Id, b.Name
from dbo.Bao b
join dbo.UserCust c on b.Creator=c.Id
join dbo.BaoAttend a on b.Id=a.BaoId
where a.UserId='{_Fun.UserId()}'
order by a.Created desc
",
};

public async Task<JObject> GetPageAsync(EasyDtDto easyDto) {
  return await new CrudRead().GetPageAsync(readDto, easyDto);
}
} //class
```

5-3

使用 Redis 提升效能

效能是系統可以正常運作的重要關鍵,當多人同時使用尋寶 App 查詢資料時會對系統的效能造成衝擊,使用 Redis Server 的快取功能來處理這樣的問題,它使用記憶體來儲存資料,具備穩定性和優異的性能,可以大幅降底資料庫主機的負載;Windows 版本的 Redis Server 可以到 github.com/MicrosoftArchive/redis/releases 下載,安裝成 Windows 服務的型態會比較方便。另外,安裝目錄下的 redis-cli.exe 是一個命令列工具,以下是它常用的指令:

- redis-cli -h 127.0.0.1:連線到 Redis Server。

- select n:切換目前的資料庫(從 0 開始),總共有 16 個。

- flushdb:清除目前資料庫的所有資料,執行時需要以管理者身份連線。

- flushall:清除所有資料庫的資料,需要管理者身份。

- info keyspace:列出非空白的資料庫的統計資訊。

- keys *:列出目前資料庫的所有 key 清單。

- get [key name]:列出某個 key 的內容。

- dbsize:傳回 key 的數量。

連線到 Redis Server 讀取所有的內容如下，它顯示目前有 6 筆資料以及 Key 值，以資料產生的先後順序排列，其中 Key 值前面的文字是根據系統的需要所設定的內容，可以用來區分不同種類的資料：

```
127.0.0.1:6379> keys *
1) "BD-D6EEP3YG1A"
2) "BD-D6EEQPGMVA"
3) "BL-56hlTJxvGzvxTufJATEA0g"
4) "BL-wzWxZa9LZNAgVRA2epD8wA"
5) "BD-D6EEPMM36A"
6) "BL-Rxg0uEvOzAaKrlYDrHat7A"
127.0.0.1:6379>
```

在讀取 Redis Server 時會利用查詢條件所產生的一個 MD5 Key 值，來判斷資料是否存在，只要輸入的條件相同則會產生相同的 Key 值，圖 5-7 是 BaoApi 系統在存取 Redis Server 的流程：

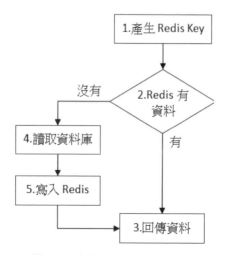

▲ 圖 5-7　存取 Redis Server 的流程

以尋寶資料查詢的 BaoRead.cs 檔案為例，對應上面的流程圖，它的程式內容如下：

```csharp
public async Task<JObject> GetPageAsync(EasyDtDto easyDto) {
    //1.get redis key: BaoList + query condition
    var key = RedisTypeEstr.BaoList + _Str.Md5(_Model
        .ToJsonStr(easyDto));

    //2.check redis has data or not
    var value = await _Redis.GetStrAsync(key);

    //3.return redis data if existed
    if (value != null)
        return _Str.ToJson(value);

    //4.read db
    var json = await new CrudRead().GetPageAsync(readDto,
        easyDto);

    //5.write redis & return data
    await _Redis.SetStrAsync(key, _Json.ToStr(json));
    return json;
}
```

查詢資料庫時，系統會將 SQL 的內容寫入 _log 目錄下的文字檔案，例如：2022-02-06-sql.txt，你可以在每次 App 查詢尋寶資料後，檢查 log 檔案，如果沒有寫入這次的 SQL，則表示 Redis 快取功能產生了作用。

在上面的程式中，_Redis 是一個公用的靜態類別，檔案位於 Base/Services/_Redis.cs，它的用途是把所使用的 Redis 套件 StackExchange.Redis 包裝簡化成為系統所需要的功能，方便在程式中直接使用；以下是 _Redis 的公用方法：

■ GetStrAsync：傳回一筆資料的內容，格式為字串。

■ SetStrAsync：寫入一筆字串資料。

■ DeleteKeyAsync：刪除一筆資料。

■ FlushDbAsync：清除某個資料庫的全部內容，用在第 8 章排程功能。

BaoApi 系統中另一個使用 Redis 的地方是讀取尋寶明細資料，檔案為 BaoService.cs 的 GetDetailAsync 函數。

在使用 Redis 快取功能時必須要注意如何保持快取資料的正確性，才不會讓使用者讀取到過期不正確的資料。第 8 章的排程功能會固定在每天半夜清除 Redis Server 裡面的所有內容；在第 7 章管理系統裡面的尋寶維護作業裡面，原則上管理者不會修改客戶建立的尋寶資料，但如果因為某些原因修改一筆資料，則儲存時系統會同時清除這筆資料的快取。

另外要注意的，Redis Server 除了以記憶體儲存資料，它同時會將資料寫入實體檔案，當你重啟 Redis 服務時，快取資料並不會消失，會保留到所設定的有效時間，你必須使用 redis-cli.exe 執行 flushdb 或是 flushall 指令來清除。

5-4

傳送 Email

要啟用寄送 Email 的功能，必須先設定 appsettings.json 裡面的 Smtp 欄位，它的內容包含以逗號分隔的七個欄位資料，依序為：1.SMTP 主機、2.埠號、3.是否使用 SSL（boolean）、4.Email 帳號、5.Email 密碼、6.寄件者信箱、7.寄件者顯示名稱；要注意的是，如果你使用 Gmail 帳號來測試寄送郵件的功能，那麼必須降低這個帳號的安全等級，設定的網址為 https://www.google.com/settings/security/lesssecureapps，否則系統在傳送 Email 時會出現權限不足的錯誤訊息，設定的畫面如圖 5-8：

▲ 圖 5-8　設定 Gmail 安全等級

使用者在尋寶 App 建立新帳號或是執行回復帳號時，BaoApi 會分別傳送兩封認證的 Email，程式位於 Services/_Xp.cs，內容如下：

```
public static async Task EmailNewAuthAsync(JObject user) {
    var email = new EmailDto() {
        Subject = "新用戶認證信",
        ToUsers = new() { user["Email"].ToString() },
        Body = _Str.ReplaceJson(await _File.ToStrAsync(_Xp
            .DirTemplate + "EmailNewAuth.html"), user),
    };
    await _Email.SendByDtoAsync(email);
}


public static async Task EmailRecoverAsync(JObject user) {
    var email = new EmailDto() {
        Subject = "回復帳號認證信",
        ToUsers = new() { user["Email"].ToString() },
        Body = _Str.ReplaceJson(await _File.ToStrAsync(_Xp
            .DirTemplate + "EmailRecover.html"), user),
    };
    await _Email.SendByDtoAsync(email);
}
```

系統透過呼叫公用程式 _Email.SendByDtoAsync 來寄送郵件，
郵件內容由 _template 目錄下的 EmailNewAuth.html（部分內
容如下）、EmailRecover.html 來決定，程式執行時，檔案中的
[Name]、[AuthCode] 將會置換成外部傳入的資料：

```
<table class="body-wrap">
<tr>
    <td>[Name] 先生/女士 您好：</td>
```

```
</tr>
<tr>
    <td>
    我們收到建立新帳戶的要求，您的認證碼為 [AuthCode]，
    此認證碼的有效時間為 10 分鐘，謝謝。
  </td>
</tr>
<tr>
    <td>
       <div style="padding-top:20px">
          ※ 此郵件是由 [尋寶系統] 自動發送，請勿直接回覆此郵件！
       </div>
    </td>
</tr>
...
```

有鑑於寄送 Email 是常用的功能，所以把它整理成靜態類別公用程式，檔案位於 Base/Services/_Email.cs，包含以下的公用方法：

- SendRootAsync：傳送錯誤給管理者，用在系統發生例外時。

- SendByDtoAsync：傳送一封郵件，內容為 EmailDto 格式，包含信件內容、附加檔案、信件內的圖檔。

- SendByDtosAsync：傳送多封郵件。

- SendByMsgAsync：傳送一封郵件，內容為 MailMessage 標準格式。

- SendByMsgsAsync：傳送多封郵件。

5-5

檔案壓縮與下載

尋寶 App 使用者進入關卡的解題畫面時，BaoApi 會將關卡的圖
檔壓縮後傳送到 App，處理這部分功能的程式為 StageService.cs
的 GetZipImageAsync 函數，內容如下：

```
private async Task<byte[]> GetZipImageAsync(string sql,
    string baoId) {
    //1.read BaoStage table
    var args = new List<object>() {
        "BaoId", baoId,
        "UserId", _Fun.UserId(),
    };
    var rows = await _Db.GetModelsAsync<StageImageDto>(sql,
        args);
    if (rows == null)
        return null;

    //2.create zip file in stream (simple syntax)
    using var ms = new MemoryStream();
    using (var zip=new ZipArchive(ms,ZipArchiveMode.Create,true)){
     for (var i = 0; i < rows.Count; i++) {
       var row = rows[i];
       var rowId = row.Id;
       var ext = "." + _File.GetFileExt(row.FileName);
```

```
    var path=$"{_Xp.DirStageImage()}FileName_{rowId}{ext}";
    var preZero = "";
    //3.如果檔案不存在則檔名前面加00
    if (!File.Exists(path)) {
        path = _Xp.NoImagePath;
        preZero = "00";
    }
    var hint = row.AppHint.Trim();
    if (hint != "")
        rowId += "_" + hint;
    //4.寫入 zip, ex: 1_xxx_.png
    zip.CreateEntryFromFile(path,$"{i+1}_{preZero}{rowId}_{ext}");
}}
    return ms.ToArray();
}
```

程式解說

(1) 從資料庫讀取對應的 BaoStage 關卡的圖檔資料。

(2) 使用 ZipArchive 將壓縮檔案寫入記憶體，避免產生實體檔案，減少檔案的管理。

(3) 讀取來源的關卡圖檔，如果不存在則使用預設的空白圖片，並且在檔名加上 00 做區別，使用者上傳的關卡圖檔儲存在主機的檔名格式為欄位名稱 FileName 加上 Id 欄位的內容，如圖 5-9，整個系統的上傳圖檔都是以相同的格式儲存：

```
🖼 FileName_D5VJR9D85A.jpg
🖼 FileName_D5VJT4ZGMA.png
🖼 FileName_D5XA7DQ7UA.jpg
🖼 FileName_D5XA7DQPEA.png
🖼 FileName_D5XB16D7HA.jpg
🖼 FileName_D5XBJERMBA.jpg
```

▲ 圖 5-9　關卡圖檔檔名格式

(4) 將圖檔以指定的檔名格式加入壓縮檔案，前端 App 程式會以
檔名的順序來顯示圖檔。

5-6 本章結論

由於使用的手機 App 來和 API 系統做溝通，它的設定執行環境會
有一點複雜，這是首先要解決的問題。必須注意手機、電腦以及
在 IIS Express 設定 IP 的方式，並且使用管理員身份來啟動 Visual
Studio。

這個 API 系統使用 CRUD 公用程式來查詢資料，讓程式可以更加
精簡。除此之外它包含以下的功能：使用 JWT 來認證用戶身份、
Redis 快取、傳送認證的 Email、傳送壓縮圖檔到前端。

JWT 是目前普遍使用的認證方式，它可以確認使用者的身分，一般應用在前台系統，在許多情況下它可以取代 Session 功能，節省建置主機的成本。書中提供了建立 JWT 的完整步驟，你可以透過系統的運行來驗證，從而了解它的使用方式。

Redis 快取可以將資料保留在記憶體中，避免因為過度查詢資料庫而造成系統的效能降低，可以因此大幅提昇系統的服務效能，它從開始發展至今大約十年，一直都是提昇系統效能主要的方法之一，也最常見；同時它的建置成本低，維護容易，極具參考和研究的價值。

另外，在建立 App 帳號或是回復帳號的時候，系統會寄送 Email 來進行認證，其中使用文字範本來簡化 Email 內容的設定方式，同時透過呼叫公用程式來傳送，這些方法和程式可以提供你在開發類似功能時做參考。

6
Chapter

客戶系統

整個尋寶系統包含三種使用者：

- 第一種是尋寶 App 的手機用戶，透過手機 App 參加尋寶遊戲，進行線上解謎。

- 第二種是維護尋寶資料的客戶，主要的工作是設定尋寶遊戲和每個關卡的內容，遊戲上架之後，手機用戶即可參加。

- 第三種是系統管理人員，用來維持系統的正常運作。

所有使用者所操作的系統都會存取相同的資料庫，名稱為 Bao。這裡所謂的客戶系統即是提供第二種使用者維護資料以及統計報表的功能。

6-1 專案環境設定

客戶系統 BaoCust 的專案類別為 ASP.NET Core MVC，除了 MVC 目錄，以下兩個目錄的內容為：

- _log：系統記錄文字檔。

- _upload/Stage：使用者上傳的關卡圖檔，尋寶 API 系統會在組態檔記錄這個路徑，App 用戶在回答關卡內容時，系統會從這個目錄下載對應的關卡圖檔。

❶ 方案內容

使用 Visual Studio 開啟 BaoCust/BaoCust.sln，裡面包含四個專案，如圖 6-1，成功編譯整個方案表示所下載的資料和目錄的相對位置都正常無誤。

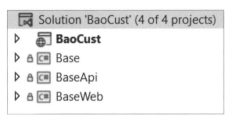

▲ 圖 6-1　方案內容

Bao 資料庫已經在前面的章節建立，所以方案編譯完成後，你可以直接啟動執行 BaoCust 專案，即會看到系統的登入畫面。

❷ 使用範本建立專案

BaoCust 屬於後台管理系統，大多數的功能可以用 CRUD 模組來實作，這樣的專案出現的頻率很高，所以把它做成一個專案範本，利用這個範本，你可以輕鬆建立類似的 MVC 專案，它包含專案所需要的套件和基本的檔案，以及 Startup.cs 的內容，建立的方法如以下三個步驟，它會節省許多時間：

- 用來產生範本的專案為 TplMvc,先從 GitHub 下載後解壓縮到 project 目錄下,TplMvc 會參照 BaseWeb 專案;開啟 TplMvc/ TplMvc.sln,成功編譯方案後執行工具列上的〔專案〕、〔匯出 範本〕將 TplMvc 匯出到預設的目錄,系統即會將 TplMvc 加 入到專案範本的清單裡面。

- 如果覺得上面匯出專案的步驟太麻煩,可以直接將 BaseWeb/ _data/TplMvc.zip 檔案複製到 C:\Users\[登入帳號]\Documents\ Visual Studio 2022\Templates\ProjectTemplates 目錄下面即可。

- 建立新專案時,選取 TplMvc 做為範本如圖 6-2,系統會將 TplMvc 的內容和檔案複製到新的專案,同時修改為新專案的 命名空間(Namespace)。

▲ 圖 6-2　使用 TplMvc 範本建立新專案

圖 6-3 是使用上述的範本建立的新專案 MvcTest，它繼承了範本所有的檔案和組態，可以輕鬆產生一個以 CRUD 為主的 ASP. NET Core MVC 後台管理系統，你再自行加入所參照的 Base、BaseApi、BaseWeb 專案就可以成功編譯：

▲ 圖 6-3　MvcTest 專案內容

❸ Startup.cs

啟動 ASP.NET Core 的 Web MVC 專案或是 Web API 專案時，系統會執行 Startup.cs 的 ConfigureServices 函數來設定系統的執行環境，它會設定系統許多底層程式所需要的功能，根據專案性質

不同，這些底層功能會有些許差異，但是相似程度高，透過比較
Startup.cs 檔案在 BaoApi 和 BaoCust 兩個專案的內容，可以幫助
你了解這些初始化行為對系統的作用；以下是 BaoCust 的程式內
容：

```
public void ConfigureServices(IServiceCollection services) {
    //1.config MVC
    services.AddControllersWithViews()
        .AddNewtonsoftJson(opts => { opts.UseMemberCasing(); })
        .AddJsonOptions(opts => { opts.JsonSerializerOptions
            .PropertyNamingPolicy = null; });


    //2.http context
    services.AddSingleton<IHttpContextAccessor,
        HttpContextAccessor>();


    //3.user info for base component
    services.AddSingleton<IBaseUserService, MyBaseUserService>();


    //4.ado.net for mssql
    services.AddTransient<DbConnection, SqlConnection>();
    services.AddTransient<DbCommand, SqlCommand>();


    //5.appSettings "FunConfig" section -> _Fun.Config
    var config = new ConfigDto();
    Configuration.GetSection("FunConfig").Bind(config);
    _Fun.Config = config;
```

```
//6.session (memory cache)
services.AddDistributedMemoryCache();
services.AddSession(opts => {
    opts.Cookie.HttpOnly = true;
    opts.Cookie.IsEssential = true;
    opts.IdleTimeout = TimeSpan.FromMinutes(60);
});
}
```

程式解說

(1) 處理 JSON 回傳資料的格式問題，同 BaoApi。

(2) 註冊 HttpContext，同 BaoApi。

(3) 設定讀取登入者的基本資料的服務程式，同 BaoApi。

(4) 使用 ADO.NET 來處理 CRUD 功能，同 BaoApi。

(5) 讀取組態檔資料到 _Fun.Config 變數，同 BaoApi。

(6) 使用 Memory Cache 來儲存 Session 資料，如果你將來考慮多台主機的問題，則可以改用 Redis Server 來儲存 Session。

同時在 Configure 函數裡面也做了一些調整，部分內容如下：

```
public void Configure(IApplicationBuilder app,
        IWebHostEnvironment env) {
    //1.initial & set locale
```

```
_Fun.Init(env.IsDevelopment(), app.ApplicationServices,
    DbTypeEnum.MSSql);


//2.set default locale
_Locale.SetCultureAsync(_Fun.Config.Locale);


//3.exception handle
if (env.IsDevelopment()) {
    app.UseDeveloperExceptionPage();
} else {
    app.UseExceptionHandler("/Home/Error");
    ...

}
```

程式解說

(1) 呼叫 _Fun 的 Init 函數進行系統的初始化，_Fun 是最底層的公用類別，所有可執行的專案在啟動時都必須呼叫這個函數。

(2) 設定系統預設的語系。

(3) 使用系統預設的例外處理機制，在開發模式下會顯示詳細的錯誤內容；在正式模式下則會導到 Error.cshtml 頁面。

6-2

登入系統

❶ UserCust 資料表

UserCust 資料表用來儲存所有的客戶資料，它的欄位內容如下：

- Id：資料代號，不可以重複，你可以在 SSMS 直接設定這個欄位值，若是透過系統的操作畫面，這個欄位會自動填入一個從時間轉換過來的 32 進位的字串，字串長度為 10，內容為數字和大寫英文（不包含 I、O 字母）。

- Name：使用者姓名。

- Account：登入帳號，允許修改，系統不會使用這個欄位來關聯其他資料表。

- Pwd：密碼，使用 MD5 加密。

- Phone：電話。

- Email：Email。

- IsCorp：是否為公司或組織。

- Status：資料狀態。

- Created：建立時間。

Id 欄位的演算法由 Base/Services/_Str.cs 的 NewId 函數來處理，
它的內容如下：

```csharp
public static string NewId() {
    //1.stop 1 milli second for avoid repeat(sync way here !!)
    Thread.Sleep(1);

    //2.get current time
    var num = (ulong)((DateTime.Now.Ticks - _startTicks) /
        TimeSpan.TicksPerMillisecond) * 3;

    //3.convert to base34
    var data = "";
    ulong mod;
    while (num > 0)
    {
        mod = num % _baseLen;
        num /= _baseLen;
        data = _base34[(int)mod] + data;
    }

    //4.min length 6 chars, add tailed '0'
    const int minLen = 6;
    if (data.Length < minLen)
        data += new string('0', minLen - data.Length);

    //5.tail add server id for multiple web server
    data += _Fun.Config.ServerId;
    return data;
}
```

程式解說

(1) 讓時間暫停 1 毫秒以防止產生相同的代號。

(2) 取得目前時間和基準時間的間隔,單位為毫秒,基準時間設定為西元 2000/1/1,在這個設定下 varchar(10) 的欄位長度可以使用到西元 2500 年。

(3) 將項目 2 的時間間隔轉換成 34 進位的文字,其中排除小寫英文和 I、O 字母,以增加資料的可讀性。

(4) 取最小字串長度為 6 位數,不足的話前面補 0

(5) 在回傳字串的後面加上主機代號,這是用來解決多個主機將來合併資料庫時,主鍵重複的問題。

Pwd 密碼欄位所儲存的是 MD5 加密字串,它無法透過解碼的方式來獲得使用者的原始密碼,可以提高資料的安全性,當使用者忘記密碼時,只能重新設定內容。一般的 MD5 加密字串為 32 個字元長度,為了縮短為 22 個字元,改成 64 進位的編碼方式,執行的函數為 Base/Services/_Str.cs 的 Md5 函數,內容如下,程式中的 [..22] 是 c# 8.0 的語法糖,表示 Substring(0, 22):

```
public static string Md5(string s) {
    var bytes=MD5.Create().ComputeHash(Encoding.Default.GetBytes(s));
    return Convert.ToBase64String(bytes)[..22]
        .Replace('+', '-')
        .Replace('/', '_');
}
```

❷ 登入畫面

執行 BaoCust 專案時會先顯示登入畫面，如圖 6-4：

▲ 圖 6-4　登入畫面

輸入資料時，密碼欄位允許空白，使用者按下綠色的登入按鈕時，
系統會呼叫後端的 Home/Login Action，它的用途是判斷帳號密碼
的正確性，然後將使用者的資料存入 Session，程式結構如圖 6-5：

```
public async Task<ActionResult> Login(LoginVo vo)
{
    1.check input required

    #region 2.read DB & compare input
    var sql = @"
select Id as UserId, Name as UserName, Pwd
from dbo.UserCust
where Account=@Account
and Status=1
";
    compare input
    #endregion

    3.set BaseUserDto model

    //4.save BaseUser into session
    _Http.GetSession().Set(_Fun.BaseUser, userInfo);    //extension met

    //5.redirect
    var url = _Str.IsEmpty(vo.FromUrl) ? "/Home/Index" : vo.FromUrl;
    return Redirect(url);

lab_exit:
    return View(vo);
}
```

▲ 圖 6-5　登入作業程式碼

程式解說

(1) 檢查傳入資料,其中帳號為不可空白。

(2) 讀取客戶資料表 UserCust 同時比對傳入帳密的正確性,SQL 內容如上圖,執行時以參數方式傳入帳號資料以避免 SQL Injection 的資安問題。如果傳入空白密碼同時資料表欄位 UserCust.Pwd 的內容也是空白,則系統會設定為登入成功,但只允許執行有限的功能。

(3) 設定使用者基本資料,資料類別為 Base/Models/BaseUserDto。

(4) 將使用者基本資料存入 Session,_Http 公用程式位於 BaseApi/ Services/_Http.cs,用途是處理 HttpContext 相關的資料,可以在 Web API 和 Web MVC 專案中直接呼叫。程式中將 BaseUserDto 格式的資料寫入 Session 使用了自訂的擴充函數 BaseWeb/Extensions/SessionExtension.cs。

(5) 登入成功後將導向網址 Home/Index 或是指定的頁面。

在一開始 UserCust 資料表的內容為空白,你無法順利登入客戶系統,可以利用第 7 章的管理系統來新增,或是另外一個簡單的做法是利用 SSMS(SQL Server Management Studio)直接新增加一筆資料,其中 Pwd 密碼欄位因為使用 MD5 加密,無法直接輸入,先保留空白;在登入畫面使用帳號和空白密碼成功登入系統後,執行「設定密碼」作業,再用新密碼重新登入,系統主畫面左側即會顯示全部功能表項目。圖 6-6 是 UserCust 資料表的部分欄位內容，上方是直接建立的資料，Pwd 欄位為空白，下方是執行「設定密碼」之後（密碼為 aa），系統將 Pwd 欄位填入 MD5 加密字串。

	Id	Name	Account	Pwd	Phone
1	C001	Alex	aa		091234567

	Id	Name	Account	Pwd	Phone
1	C001	Alex	aa	QSS8CpM1wn8IbyS6IHpJEg	091234567

▲ 圖 6-6　UserCust 資料表的內容

❸ 主畫面

登入成功後會顯示主畫面內容，如圖 6-7 右上方顯示登入者姓名以及回首頁、登出圖示；畫面左邊是功能表清單，如果使用者沒有密碼，則該清單只會出現設定密碼這個項目；點擊功能表項目時，系統會將該功能畫面載入到右邊的區域，圖中是首頁畫面。

▲ 圖 6-7　主畫面

6-3

尋寶資料維護

這個作業是客戶系統最重要的功能，它的用途是維護手機 App 所呈現的尋寶資料，維護的資料表有兩個，分別為 Bao（尋寶基本資料）、BaoStage（尋寶關卡資料）兩個資料表之間為一對多關聯，關聯的欄位為 Bao.Id 和 BaoStage.BaoId。

❶ Bao 資料表

每筆資料代表一個尋寶遊戲，欄位內容說明如下：

- Id：資料代號，不可以重複，所有資料表的欄位以相同的邏輯取得。

- Name：尋寶遊戲名稱。

- StartTime：遊戲開始時間。

- EndTime：遊戲結束時間。

- IsBatch：是否批次解題，若為真，則手機用戶回答問題必須一次提交全部問題的答案；若為否，則每次提交一個關卡的答案。

- IsMove：遊戲進行時是否需要前往相關場地。

- IsMoney：是否為獎金。

- GiftName：獎品內容或金額。

- Note：備註。

- StageCount：關卡數目合計，儲存時系統自動計算。

- LaunchStatus：上架狀態，參考 _XpCode 資料表欄位 Type= LaunchStatus 的資料內容，只有已上架的資料尋寶 App 才能讀取。

- Status：資料狀態在大多數的情形下系統只會存取這個欄位為 true 的資料。

- Creator：建立人員，即為登入者。

- Revised：資料最後異動時間。

❷ BaoStage 資料表

每筆資料代表一個尋寶的關卡，欄位內容說明如下：

- Id：資料代號，不可以重複。

- BaoId：對應 Bao.Id。

- FileName：關卡上傳的原始圖檔名稱。

- AppHint：顯示在尋寶 App 的關卡提示文字。

- CustHint：顯示在客戶系統的關卡提示文字，由於 Answer 欄位為加密資料，使用者無法知道內容，必須利用 CustHint 欄位來提示。

- Answer：謎題答案，內容為 MD5 加密。

- Sort：關卡排序。

❸ CRUD 功能

CRUD 的意思是新增、查詢、修改、刪除，它是管理系統中最常見到的操作畫面，由於畫面結構和操作行為具備一致性，一般會把它進行標準化，並且把其中的一部分程式抽離出來變成可重複使用的公用模組，透過這種方式來節省可觀的系統開發的時間。在實作上 CRUD 作業會分為列表和編輯畫面，分別處理資料的查詢和維護作業，其中查詢的分頁功能使用 jQuery Datatables 這個套件。

模組化之後的 CRUD 功能會包含較少的程式碼，讓系統開發工作變的比較簡單。在以下的內容中會以尋寶資料維護作業為例，介紹 CRUD 的實作方式，其他類似的功能也會有一樣的程式結構。

❹ 尋寶資料維護 - 列表

點擊功能表上面的「尋寶資料維護」項目，系統會開啟它的
CRUD 列表畫面如圖 6-8，在畫面上方你可以用尋寶名稱來查詢
資料，畫面中間是查詢的結果，每次顯示一頁資料，畫面下方左
側的下拉式欄位是每頁要顯示的筆數，右邊是頁碼，可以直接選
取要顯示的頁次。

尋寶資料維護

尋寶名稱	開始時間	結束時間	是否批次解謎	是否移動地點	獎品種類	獎品內容	關卡數	維護
動物園尋寶	2021/12/01 00:00	2021/12/31 00:00		是	獎品	熊讚布偶	2	✏ ✖ 👁
文湖線尋寶	2021/12/02 00:00	2021/12/31 00:00	是	是	獎金	1000	2	✏ ✖ 👁

每頁顯示 10 筆，第 1 至 2 筆，總共 2 筆 |< < **1** > >|

▲ 圖 6-8　尋寶資料列表畫面

這個列表功能的檔案清單有：

■ Controller：BaoController.cs

■ Service：Services/BaoRead.cs

■ View：Views/Bao/Read.cshtml

■ JavaScript：wwwroot/js/view/Bao.js

Controller 負責接收前端傳來的 HTTP 請求，包含較少的程式內
容；BaoController.cs 裡面跟列表有關的兩個 Action 內容如下，
它們的用途分別是顯示查詢畫面和回傳分頁資料：

```
public class BaoController : ApiCtrl {
    public ActionResult Read() {
        return View();
    }


    [HttpPost]
    public async Task<ContentResult> GetPage(DtDto dt) {
        return JsonToCnt(await new BaoRead().GetPage(Ctrl, dt));
    }
}
```

BaoRead.cs 是實際執行查詢功能的服務程式，檔名後面的 Read
用來區分為 CRUD 列表，它的主要內容如下，由於可共用的部分
已經抽離到公共的模組，程式顯的較為簡單：

```
public class BaoRead {
    private readonly ReadDto dto = new() {
        //1.sql for read database
        ReadSql = $@"
select * from dbo.Bao
where Creator='{_Fun.UserId()}'
order by Id
",
```

```
    //2.inquiry fields
    Items = new [] {
        new QitemDto { Fid = "Name", Op = ItemOpEstr.Like },
    },
};

    //3.read one page rows
    public async Task<JObject> GetPage(string ctrl, DtDto dt) {
        return await new CrudRead().GetPageAsync(dto, dt, ctrl);
    }
} //class
```

程式解說

(1) 設定查詢資料庫的 SQL 內容，其中必須包含 order by 敘述，
   系統自動加入分頁條件之後才能正確查詢資料。程式中每位
   客戶只會查詢自己所建立的 Bao 資料表。

(2) 設定查詢條件欄位清單和資料的比對方式，前端程式會傳入
   使用者輸入的欄位內容，系統會以參數的方式將這些內容加
   入查詢的 SQL 字串，以避免資安問題。為了考慮效能，所使
   用的查詢條件欄位必須在資料庫加上索引鍵。

(3) 讀取並回傳分頁資料，其中所呼叫的 CrudRead().GetPageAsync
   函數是模組化之後的公用程式，可以提供給所有的 CRUD 列
   表功能使用。

Bao/Read.cshtml 是圖 6-8 的列表畫面，它的檔案內容如圖 6-9：

```html
<!-- 1.load js -->
<script src="~/js/view/Bao.js"></script>
<script type="text/javascript">
    $(function () {
        _me.init();
    });
</script>

@await Component.InvokeAsync("XgProgPath", new { names = new string[] { "尋寶資料維護" }
<div class="xp-prog">
    <div id="divRead">
        <!-- 2.查詢條件欄位 -->
        <form id='formRead' class='xg-form'>
            <div class="row">
                @await Component.InvokeAsync("XiText", new XiTextDto{ Title = "尋寶名稱"
                @await Component.InvokeAsync("XgFindTbar", new XgFindTbarDto{  })
            </div>
        </form>

        <div class='xg-btns-box'>
            @await Component.InvokeAsync("XgCreate")
        </div>
        <table id="tableRead" class="table table-bordered xg-table" cellspacing="0">
            <thead>
                <!-- 3.查詢結果標題 -->
                <tr>...
                </tr>
            </thead>
            <!-- 4.查詢結果資料 -->
            <tbody></tbody>
        </table>
    </div>

    <!-- 5.編輯畫面 -->
    <div id="divEdit" class="xg-hide">
        <partial name="Edit" />
    </div>
</div>
```

▲ 圖 6-9　Bao/Read.cshtml 程式內容

程式解說

(1) 載入這個功能需要的 JavaScript 檔案,並且執行裡面的 _me.init 函數進行初始化。

(2) 查詢條件欄位,目前為「尋寶名稱」欄位,可視實際需要增加。內容為文字輸入欄位,使用 ASP.NET Core 的 View Component 設計方式來包裝這些輸入欄位,在應用的時候會比較方便,程式碼也更加精簡。

(3) 查詢結果每個欄位的標題(程式已縮合)。

(4) 系統會將後端回傳的查詢結果資料寫入 tbody 這個標籤(Tag)。

(5) 載入編輯畫面,這個區域會在執行編輯功能時顯示。

wwwroot/js/view/Bao.js 的內容如圖 6-10,使用獨立的 JavaScript 檔案讓 View 檔案的內容比較簡單,容易維護。

```
//1.declare _me
var _me = {

    init: function () {
        //datatable config
        var config = {
            //2.查詢結果欄位
            columns: [
                { data: 'Name' },
                { data: 'StartTime' },
                ...
            ],
            //3.查詢結果欄位格式設定
            columnDefs: [
                { targets: [1], render: function (data, type, full, meta) {
                    return _date.mmToUiDt2(data);
                }},
                { targets: [2], render: function (data, type, full, meta) {
                    return _date.mmToUiDt2(data);
                }},
                ...
            ],
        };

        //4.CRUD initial
        _me.edit0 = new EditOne();
        _me.mStage = new EditMany('Id', 'eformStage', 'tplStage', 'tr', 'Sort');
        _crud.init(config, [_me.edit0, _me.mStage]);

        declare custom function
    },

    your custom function ...
};
```

▲ 圖 6-10 Bao.js 程式內容

程式解說

(1) 由於 JavaScript 的函數為全域，為避免程式之間的衝突，所以宣告變數 _me 來處理 CRUD 畫面的功能和屬性，當系統載入其他畫面時 _me 就會被完全覆蓋。

(2) 程式中的 columns、columnDefs 屬性是使用 jQuery Datatables 分頁功能時必須提供的資料，欄位名稱像是 Name、StartTime 會對應後端回傳的查詢結果欄位。

(3) columnDefs 屬性用來設定資料的顯示格式，例如程式中的 _date.mmToUiDt2 函數會將日期資料裡面的秒數移除。

(4) 呼叫 _crud.init 函數來對 CRUD 畫面進行初始化，使用者後續對這個畫面的查詢、編輯、儲存…都會交由系統來處理，不必再撰寫程式碼。

❺ 尋寶資料維護 - 編輯

圖 6-11 是尋寶資料的編輯畫面，它會同時維護兩個資料表，畫面上方的欄位對應一筆 Bao 記錄，畫面下方對應多筆 BaoStage 記錄，儲存時同時將畫面上的欄位內容批次寫入兩個資料表。

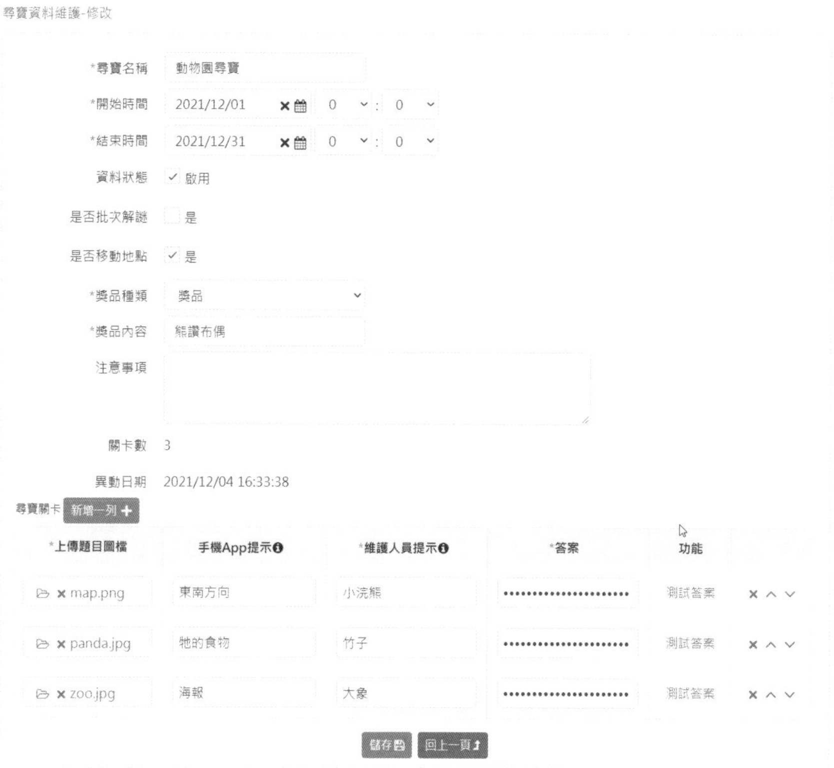

尋寶資料維護-修改

*尋寶名稱	動物園尋寶
*開始時間	2021/12/01 ✕📅 0 ✕ ：0 ✕
*結束時間	2021/12/31 ✕📅 0 ✕ ：0 ✕
資料狀態	✓ 啟用
是否批次解謎	☐ 是
是否移動地點	✓ 是
*獎品種類	獎品 ✕
*獎品內容	熊讚布偶
注意事項	
關卡數	3
異動日期	2021/12/04 16:33:38

尋寶關卡 新增一列 ✚

*上傳題目圖檔	手機App提示❶	*維護人員提示❶	*答案	功能
🗁 ✕ map.png	東南方向	小浣熊	••••••••••••••	測試答案　✕ ∧ ∨
🗁 ✕ panda.jpg	牠的食物	竹子	••••••••••••••	測試答案　✕ ∧ ∨
🗁 ✕ zoo.jpg	海報	大象	••••••••••••••	測試答案　✕ ∧ ∨

儲存💾 回上一頁↑

▲ 圖 6-11　尋寶資料編輯畫面

這個編輯功能的檔案清單有：

■ Controller：BaoController.cs（與列表功能共用）。

■ Service：Services/BaoEdit.cs

■ View：Views/Bao/Edit.cshtml

■ JavaScript：wwwroot/js/view/Bao.js（與列表功能共用）。

每個 CRUD 編輯畫面所執行的功能大致相同，以 BaoController.cs 為例，跟編輯畫面有關的 Action 清單如下：

- GetUpdJson：在編輯畫面傳回一筆資料。

- GetViewJson：在檢視畫面傳回一筆資料，因為必須考慮使用者的權限，所以實作成不同的 Action。

- Create：寫入一筆新增的資料。

- Update：修改一筆資料。

- ViewFile：檢視資料中的檔案欄位內容，如果是圖檔則在畫面上顯示內容；如果是微軟 Office 檔案，則讓使用者下載，這個作業的內容是圖檔。

- Delete：刪除一筆資料。

BaoEdit.cs 是實際執行編輯功能的程式，檔名後面的 Edit 用來區分為 CRUD 編輯，它的主要內容是設定所要維護的資料表和欄位資訊，這部分屬於商業規則，必須在個別的功能實作，其他部分則可交由公共的模組來處理，程式主要內容如下，

```
override public EditDto GetDto() {
    return new EditDto {
        //1.設定Bao資料表
        Table = "dbo.[Bao]",
        PkeyFid = "Id",
```

```
        Col4 = new string[] { "Creator", "Revised", null, "Revised" },
        //2.設定Bao欄位
        Items = new EitemDto[] {
            new() { Fid = "Id" },
            new() { Fid = "Name", Required = true },
            ...
        },
        //3.設定BaoStage
        Childs = new EditDto[] {
            new() {
                ...
                Items = new EitemDto[] {
                    new() { Fid = "Id" },
                    new() { Fid = "BaoId" },
                    ...
}}}};}


//4.儲存新增記錄
public async Task<ResultDto> CreateAsnyc(JObject json,
        List<IFormFile> t00_FileName) {
    var service = EditService();
    Md5Answer(json);
    var result = await service.CreateAsync(json);
    if (_Valid.ResultStatus(result))
        await _WebFile.SaveCrudFilesAsnyc(json, service
            .GetNewKeyJson(), _Xp.DirStageImage(),
                t00_FileName, nameof(t00_FileName));
    return result;
}
```

程式解說

(1) 設定要維護的 Bao 資料表的相關內容。

(2) 設定要維護的 Bao 欄位。

(3) 在 Childs 屬性設定關聯的 BaoStage 資料表要維護的相關內容及欄位。

(4) 儲存新增記錄，使用到上傳檔案時，必須指定檔案要儲存的路徑及相關規則，否則可以交給公用程式來處理儲存資料的功能，省去這個函數；程式中同時對傳入資料進行 MD5 加密。

另外關於編輯功能的 JavaScript 部分，它的相關程式同樣位在 Bao.js 檔案裡面，在以下的 _me.init 初始化函數中，_me.edit0 變數會回傳一個 EditOne 物件，用來收集畫面上 Bao 資料表的輸入欄位資訊；_me.mStage 回傳 EditMany 物件則是處理 BaoStage 的多筆欄位資料，EditOne.js、EditMany.js 檔案位於 wwwroot/js/base 目錄底下。

```
//4.CRUD initial
_me.edit0 = new EditOne();
_me.mStage = new EditMany('Id', 'eformStage', 'tplStage',
'tr', 'Sort');
_crud.init(config, [_me.edit0, _me.mStage]);
```

6-4
基本資料維護

這個功能用來維護客戶自己的基本資料,它的操作畫面如圖 6-12:

基本資料維護-修改

*姓名	Alex
*帳號	aa
*電話	091234567
*Email	aa@bb.cc

儲存

▲ 圖 **6-12** 基本資料編輯畫面

存取的資料表為 UserCust,MVC 檔案包含:

■ Controller:UserCustController.cs。

■ Service:Services/UserCustEdit.cs。

■ View:Views/UserCust/Edit.cshtml。

■ JavaScript:wwwroot/js/view/UserCust.js。

6-5

設定密碼

當使用者以正確的帳號和空白密碼登入系統，同時該筆用戶資料表的密碼欄位也是空白時，主畫面功能表只會出現「設定密碼」這個作業項目，使用者必須設定有效的密碼後重新登入才能執行其他的功能，操作畫面如圖 6-13：

設定密碼

舊密碼	
*新密碼	
*確認新密碼	

儲存 💾

▲ 圖 6-13 設定密碼

這個功能用來設定 UserCust.Pwd 欄位內容，對應的 MVC 檔案為：

■ Controller：SetPwdController.cs

■ View：SetPwd/Index.cshtml

6-6

尋寶統計 - 每日報名統計

統計圖表是一個常見的功能，它以視覺化的方式來呈現統計數字，普遍受到歡迎。在 Web 上面可以製作統計圖表的工具很多，研究之後選用 Chart.js 這個套件，它從 2013 年發佈至今已經具備有很好的穩定性和普及性，版權種類為 MIT。除此之外，也把常用的統計圖功能包裝成為 wwwroot/js/base/_chart.js 檔案，後續加以擴充，用來簡化在個別功能需要撰寫的程式。

這個功能的操作畫面如圖 6-14，它用來統計最近這一個月之內每天參加遊戲的人數，當你改變畫面上「尋寶遊戲」欄位的內容，系統會即時讀取資料庫將結果顯示在上面。

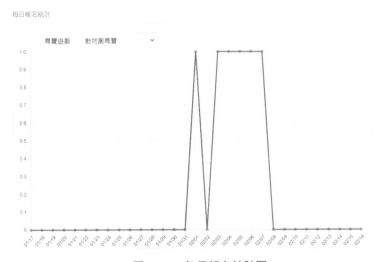

▲ 圖 6-14 每日報名統計圖

存取的資料表為 BaoAttend，MVC 檔案為：

- Controller：ChartDailyController.cs

- Service：Services/ChartDailyService.cs

- View：ChartDaily/Index.cshtml

- JavaScript：ChartDaily.js

ChartDailyService.cs 的 GetDataAsync 函數是執行這個統計結果的程式，它的內容是透過一個 SQL 來查詢資料庫，程式如下：

```
    public async Task<List<IdNumDto>> GetDataAsync(string
        baoId) {
        var sql = @"
-- 1.get range dates
;with result(rowDate) as (
    select @StartDate
    union all
    select dateAdd(day, 1, rowDate)
    from result
    where rowDate < @EndDate)

-- 2.get data
select
Id=convert(char(5), a.rowDate, 1),
Num=(
    select count(*)
```

```
    from dbo.BaoAttend
    where BaoId=@BaoId
    and convert(date, Created)=a.rowDate
)
from result a
";

        //3.查詢資料庫
        var today = DateTime.Today;
        var args = new List<object>() {
            "BaoId", baoId,
            "StartDate", today.AddMonths(-1).AddDays(1),
            "EndDate", today,
        };
        return await _Db.GetModelsAsync<IdNumDto>(sql, args);
    }
```

程式解說

(1) 計算今天以前一個月的日期清單，它最後會變成統計圖的 X
    座標。

(2) 統計這一個月日期內，每天的遊戲參加人數。

(3) 連線到資料庫執行項目 1、2 所產生的 SQL 內容，將會得到
    多筆查詢結果，每一筆資料代表某個日期的人數統計；程式
    中的 _Db.GetModelsAsync 是一個公用程式，它使用 ADO.NET
    來執行你傳入的 SQL，然後將查詢結果以指定的類別型態傳
    回來。

前端 JavaScript ChartDaily.js 的內容如下，改變「尋寶遊戲」欄位
內容時會觸發裡面的 onItem 函數，程式最後面透過 Ajax 呼叫後
端 GetData Action 並且傳回統計資料後，利用 _chart.line 函數來
產生統計折線圖。

```
var _me = {
    init: function () {
        _me.form = $('#formRead');
    },


    //on select bao item
    onItem: function () {
        var baoId = _iselect.get('BaoId', _me.form);
        if (_str.isEmpty(baoId))
            return;

        _ajax.getJson('GetData', { id: baoId }, function (rows) {
            _chart.line('chart', rows, '#3e95cd');
        });
    },
}; //class
```

6-7

尋寶統計 - 報名人數合計

進入這個畫面之後，系統會顯示圖 6-15 的統計結果，它用來統
計目前客戶所有尋寶資料的報名人數合計。

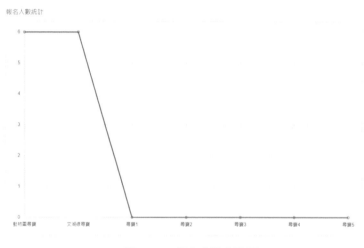

▲ 圖 6-15　報名人數合計圖

存取的資料表為 BaoAttend，MVC 檔案為：

■　Controller：ChartAttendController.cs

■　View：ChartAttend/Index.cshtml

■　JavaScript：ChartAttend.js

讀取統計資料的邏輯較為單純,直接寫在 ChartAttendController. cs 的 GetData Action,內容如下:

```
    public async Task<List<IdNumDto>> GetData() {
        var sql = $@"
select
Id=b.Name,
Num=(
    select count(*)
    from dbo.BaoAttend
    where BaoId=b.Id
)
from dbo.Bao b
where b.Creator='{_Fun.UserId()}'
";
        return await _Db.GetModelsAsync<IdNumDto>(sql);
    }
```

本章結論

這一章介紹客戶系統,主要提供客戶維護尋寶資料的功能,除此之外,在技術上它有幾個可以參考的地方:

1. 它屬於後台管理系統，你可以從中了解一個專案的結構，同時提供一個使用範本的方式來建立這種專案的架構，並且包含所需要的基本檔案和組態，你只要加以調整就可以直接進入開發的階段，節省時間。

2. 使用資料加密來提升系統安全性，加密的資料有使用者密碼、每個關卡的解答。

3. CRUD 功能是後台管理系統中最常見的功能，經過適度的模組化，可以大幅減少每個功能需要撰寫的程式碼，讓系統開發的工作變的簡單，具有很高的 CP 值，值得你花時間研究，或是參考這個章節裡面的做法。

4. 統計圖表是一個受歡迎的功能，經過了解市面上相關的元件，最後選用 Chart.js 作為底層的工具，把需要的功能包裝成 _chart.js 檔案來簡化程式碼，當你從後端傳回統計資料後，直接呼叫這個程式即可產生統計報表。

Note

7

Chapter

管理系統

管理人員透過這個系統，來維持整個尋寶系統的正常運作，同時處理臨時的狀況。專案的名稱為 BaoAdm，除了 MVC 目錄，以下兩個目錄的內容為：

■ _log：系統記錄文字檔。

■ _upload/CmsCard：使用者上傳的電子賀卡圖檔，尋寶 API 系統會在組態檔記錄這個路徑，App 用戶檢視最新消息裡面的電子賀卡時，系統會從這個目錄下載對應的圖檔。

BaoAdm 建置的環境與第 6 章的客戶系統類似，都是屬於後台管理系統，需要參照的其他專案有 BaoLib、Base、BaseApi、BaseWeb，方案總管如圖 7-1：

▲ 圖 7-1　BaoAdm 方案總管

7-1

登入系統

進入系統後會先導到登入畫面,如圖 7-2:

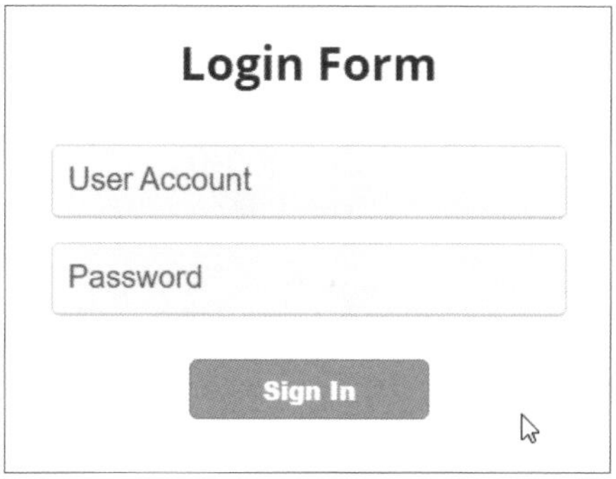

Login Form

| User Account |
| Password |

Sign In

▲ 圖 7-2　登入畫面

存取的資料表為 User,MVC 檔案如下:

- Controller:HomeController.cs

- View:Home/Login.cshtml

登入成功後會顯示主畫面內容如圖 7-3,畫面左邊是功能表清單,如果使用者使用空白密碼登入,則該清單只會出現「設定密碼」這個項目。這些功能大部分為 CRUD,表示它們的程式簡單,可以很容易實作出來;由於在第 6 章已經解釋 CRUD 的實作步驟,將不再重複。

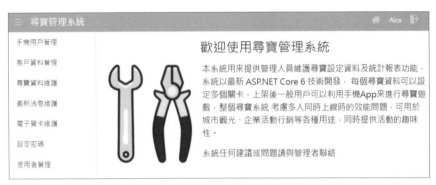

▲ 圖 7-3　主畫面

7-2

手機用戶管理

用途是檢視手機用戶的基本資料，操作的列表和檢視畫面如圖 7-4、7-5，目前沒有開放使用者可以修改手機用戶的資料，編輯畫面的儲存按鈕為不可點擊：

手機用戶管理

姓名	手機	Email	建檔日期	維護
A001	090012345	a1@bb.cc	2021/12/01 00:00:00	👁
A002	090012346	a2@bb.cc	2021/12/02 00:00:00	👁

每頁顯示 10 ＄ 筆,第 1 至 2 筆, 總共 2 筆　　|< 　< 　1 　> 　>|

▲ 圖 7-4　手機用戶管理列表畫面

手機用戶管理-檢視

姓名	A001
手機	090012345
Email	a1@bb.cc
地址	Taipei
建檔日期	2021/12/01 00:00:00
異動日期	

儲存 回上一頁

▲ 圖 7-5　手機用戶管理檢視畫面

這個功能會存取 UserApp 資料表，MVC 檔案為：

- Controller：UserAppController.cs

- Service：Services/UserAppRead.cs、UserAppEdit.cs

- View：Views/UserApp/Read.cshtml、Edit.cshtml

- JavaScript：wwwroot/js/view/UserApp.js

7-3

客戶資料管理

用途是檢視客戶的基本資料，操作的列表和編輯畫面如圖 7-6、
7-7：

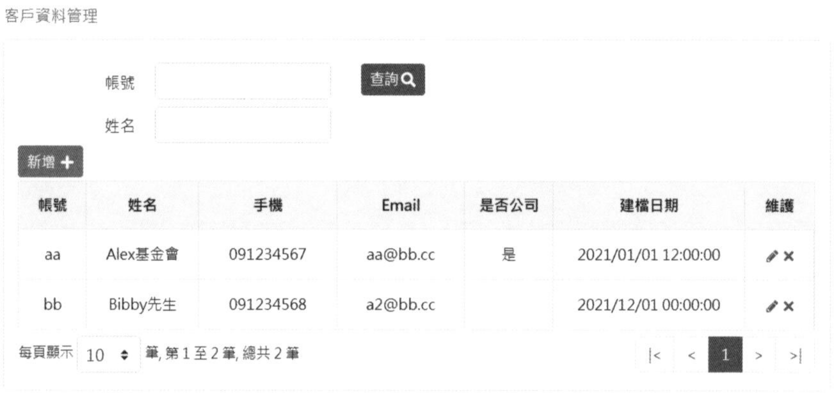

客戶資料管理

帳號	姓名	手機	Email	是否公司	建檔日期	維護
aa	Alex基金會	091234567	aa@bb.cc	是	2021/01/01 12:00:00	✏ ✕
bb	Bibby先生	091234568	a2@bb.cc		2021/12/01 00:00:00	✏ ✕

每頁顯示 10 ♦ 筆, 第 1 至 2 筆, 總共 2 筆　　　　|< < 1 > >|

▲ 圖 7-6　客戶資料管理列表畫面

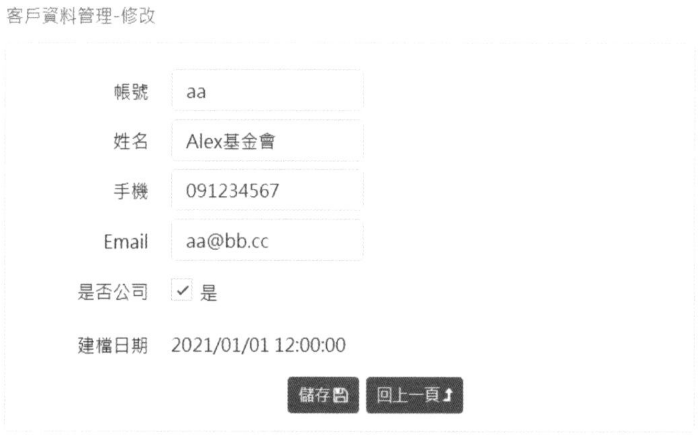

客戶資料管理-修改

帳號	aa
姓名	Alex基金會
手機	091234567
Email	aa@bb.cc
是否公司	✓ 是
建檔日期	2021/01/01 12:00:00

儲存💾　回上一頁↑

▲ 圖 7-7　客戶資料管理編輯畫面

存取的資料表為 UserCust，MVC 檔案如下：

- Controller：UserCustController.cs

- Service：Services/UserCustRead.cs、UserCustEdit.cs

- View：Views/UserCust/Read.cshtml、Edit.cshtml

- JavaScript：wwwroot/js/view/UserCust.js

7-4

尋寶資料維護

用途是維護尋寶資料，操作畫面如圖 7-8、7-9：

尋寶資料查詢

尋寶名稱	開始時間	結束時間	是否批次解謎	是否移動地點	是否獎金	獎品內容	關卡數目	維護
動物園尋寶	2022/02/10 13:00	2022/03/30 13:00	是	是		熊讚布偶	3	✏ 👁
文湖線尋寶	2022/02/09 13:00	2022/03/30 13:00		是	是	3000元	3	✏ 👁
尋寶1	2022/01/21 13:00	2022/03/30 13:00				精美紀念品	2	✏ 👁

每頁顯示 10 ⇕ 筆, 第 1 至 3 筆, 總共 3 筆　　　　|< < **1** > >|

▲ 圖 7-8　尋寶資料列表畫面

▲ 圖 7-9　尋寶資料編輯畫面

存取的資料表為 Bao，在編輯畫面中使用者只能修改尋寶資料的「上架狀態」欄位，MVC 檔案為：

- Controller：BaoController.cs

- Service：Services/BaoRead.cs、BaoEdit.cs

- View：Views/Bao/Read.cshtml、Edit.cshtml

- JavaScript：wwwroot/js/view/Bao.js

由於前端 App 會讀取 Cache 資料，所以當有尋寶資料需要臨
時下架時，會使用上述的方式來處理。修改資料後系統會同時
清除這一筆尋寶記錄的 Cache，讓 App 用戶下次從資料庫讀取
尋寶明細。實作的方式是在 BaoEdit.cs 檔案中覆寫原本父類別
XgEdit 的 UpdateAsync 方法，在更新尋寶資料完成之後繼續執行
AfterUpdateAsync 函數去清除這一筆 Cache，程式內容如下：

```
override public async Task<ResultDto> UpdateAsync(string key,
      JObject json) {
  _key = key;
  return await EditService().UpdateAsync(key, json,
      fnAfterSave: AfterUpdateAsync);
}


private async Task<string> AfterUpdateAsync(Db db, JObject
      keyJson) {
  var key = RedisTypeEstr.BaoDetail + _key;
  await _Redis.DeleteKeyAsync(key);
  return "";
}
```

7-5

系統公告維護

用途是維護系統公告資料，操作畫面如圖 7-10、7-11：

最新消息維護

標題	發佈時間	結束時間	資料狀態	建檔日期	維護
系統功能異動	2021/12/20 00:00	2021/12/31 00:00	正常	2021/12/08 19:40:59	✏ ✕ 👁
系統維護公告	2021/12/20 00:00	2021/12/21 00:00	正常	2021/12/08 19:27:48	✏ ✕ 👁

每頁顯示 10 ✦ 筆,第 1 至 2 筆, 總共 2 筆　　　　　　　|< < **1** > >|

▲ 圖 7-10　系統公告列表畫面

最新消息維護-修改

| *標題 | 系統維護公告 |
| *內容 | 因系統升級,本系統將於2021/12/20 00:00 ~ 01:00 進行停機維護。 |

*發佈時間　2021/12/20　✕🗓 0 ∨ : 0 ∨

*結束時間　2021/12/21　✕🗓 0 ∨ : 0 ∨

資料狀態　✓ 啟用

建檔人員　Alex　　　　　　　　修改人員

建檔日期　2021/12/08 19:27:48　　修改日期

儲存💾　回上一頁↥

▲ 圖 7-11　系統公告編輯畫面

CMS（Content Management System）是 一 種 特 殊 的 資 料，像
是 系 統 公 告、電 子 賀 卡、商 品 促 銷 訊 息…在 一 個 系 統 經 常 有 多
個 這 樣 的 功 能，它 的 特 性 是 欄 位 數 目 不 多、功 能 之 間 存 在 高
度 的 相 似 性。所 以 使 用 一 支 公 共 的 程 式 來 實 作 共 同 的 功 能，
在 個 別 的 功 能 只 要 撰 寫 少 數 的 程 式 碼，讓 開 發 和 管 理 工 作 可
以 更 容 易 進 行。以 系 統 公 告 維 護 作 業 為 例，需 要 實 作 的 MVC
檔 案 只 有 CmsMsgController.cs，程 式 內 容 如 下，只 要 繼 承
XpCmsController，再 設 定 類 別 CmsEditDto 的 內 容 即 可：

```
[XgLogin]
public class CmsMsgController : XpCmsController {
    public CmsMsgController() {
        CmsType = CmsTypeEstr.Msg;
        EditDto = new CmsEditDto() {
            Title = "標題",
            Text = "內容",
            StartTime = "發佈時間",
            EndTime = "結束時間",
        };
    }
}//class
```

公用程式 XpCmsController 包含 CMS 需要執行的功能，它也是
CRUD 的一種，包含相同的 Action，Controller 前面的 Xp 用來註

記這是一個專案等級的公用程式。另外，存取的資料表為 Cms，其中的 CmsType 欄位用來區分資料的種類；實際執行資料庫存取的程式則為 Services/XpCmsRead.cs、XpCmsEdit.cs。

7-6 電子賀卡維護

用途是維護電子賀卡資料，它和「系統公告維護」作業一樣，都是屬於 CMS 功能，存取 Cms 資料表，操作畫面如圖 7-12、7-13，在編輯畫面中它有一個「上傳檔案」欄位，和「系統公告維護」作業不同，MVC 檔案為 CmsCardController.cs：

電子賀卡維護

標題	發佈時間	結束時間	資料狀態	建檔日期	維護
春節賀卡	2022/01/25 00:00	2022/01/27 00:00	正常	2021/12/09 00:49:05	✏ ✖ 👁
新年賀卡	2021/12/30 00:00	2021/12/31 00:00	正常	2021/12/09 00:47:43	✏ ✖ 👁

每頁顯示 10 ÷ 筆,第 1 至 2 筆, 總共 2 筆 |< < 1 > >|

▲ 圖 7-12　電子賀卡列表畫面

電子賀卡維護-修改

*標題	春節賀卡
*上傳檔案	⊳ ✕ 賀卡.png
*發佈時間	2022/02/11 ✕ 🗓 0 ∨ : 0 ∨
*結束時間	2022/02/28 ✕ 🗓 0 ∨ : 0 ∨
資料狀態	✓ 啟用

建檔人員	Alex	修改人員	Alex
建檔日期	2021/12/09 00:49:05	修改日期	2022/02/11 22:29:48

儲存💾　回上一頁⬆

▲ 圖 7-13　電子賀卡編輯畫面

7-7

密碼設定

用途是設定或是修改密碼，操作畫面如圖 7-14：

設定密碼

舊密碼	
*新密碼	
*確認新密碼	

儲存💾

▲ 圖 7-14　密碼設定

存取的資料表為 UserApp，MVC 檔案如下：

- Controller：SetPwdController.cs

- View：Views/SetPwd/Index.cshtml

7-8

使用者管理

用途是維護管理系統的使用者資料，這個功能做了簡單的限制，只有管理者的身份才能進入，這個欄位在編輯畫面的「是否管理者」，操作畫面如圖 7-15、7-16：

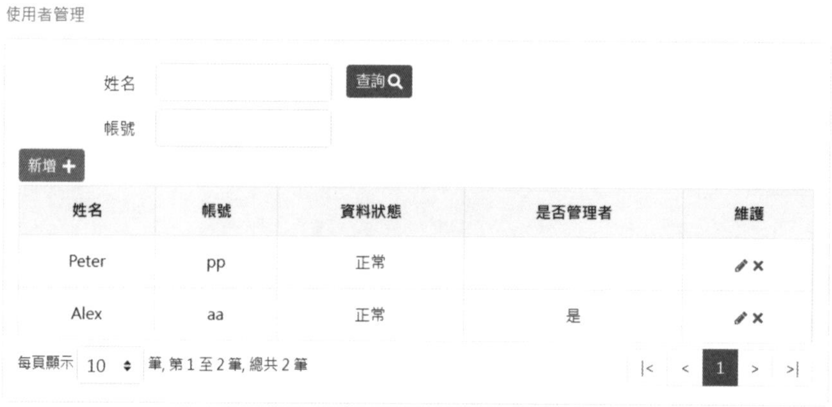

使用者管理

姓名	帳號	資料狀態	是否管理者	維護
Peter	pp	正常		✎ ✗
Alex	aa	正常	是	✎ ✗

每頁顯示 10 ⬍ 筆, 第 1 至 2 筆, 總共 2 筆　　　　|< < **1** > >|

▲ 圖 7-15　使用者管理列表畫面

使用者管理-修改

姓名	Alex
帳號	aa
資料狀態	✓ 啟用
是否管理者	✓ 是

儲存🖫　回上一頁↥

▲ 圖 7-16　使用者管理編輯畫面

存取的資料表為 User，MVC 檔案如下：

- Controller：UserController.cs

- Service：Services/UserRead.cs、UserEdit.cs

- View：Views/User/Read.cshtml、Edit.cshtml

- JavaScript：wwwroot/js/view/User.js

7-9

本章結論

管理系統大部分的功能為 CRUD，在開發上會比較容易。系統公告和電子賀卡這兩個功能使用 CMS 的方式來開發，在實作上你只要指定要編輯的欄位清單即可完成，如果系統中有較多的 CMS 功能，可以考慮使用這種方式來開發，程式碼會變得精簡、容易維護。

Note

8

Chapter

排程功能

這個專案的名稱為 BaoCron，它是一個 Console 程式，方案總管如圖 8-1，所參照的 Base 專案是用來處理基本資料和功能的公用程式：

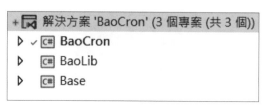

▲ 圖 8-1　方案管理

BaoCron 本身必須配合 Scheduler 這一類的排程軟體，來設定固定啟動的時間，它所要執行的工作內容如下：

- 清除 Redis Server 的內容，快取資料減少資料庫的存取，提升了系統的效能，在使用上必須考慮資料的正確性，資料的內容包含尋寶資料的查詢結果和明細資料，其中查詢結果是以活動的有效日期為依據，而不是時間，所以必須在每天清除。這個 SQL 內容記錄在 BaoApi/Services/BaoRead.cs，如以下程式：

```
private readonly ReadDto readDto = new()
{
    ReadSql = $@"
select b.IsMove, b.IsBatch, b.IsMoney,
    b.StartTime, Corp=c.Name,
    b.Id, b.Name
```

```
from dbo.Bao b
join dbo.UserCust c on b.Creator=c.Id
where b.StartTime < cast(getDate() as date)
and b.EndTime > getdate()
and b.Status=1
and b.LanuchStatus='{LaunchStatusEstr.Yes}'
order by b.StartTime desc
",
};
```

- 把過期的尋寶資料下架，同時把「上架狀態」為「準備中」
  的而且活動的起迄時間符合今天日期的尋寶資料改為上架。

8-1

專案環境設定

Program.cs 檔案裡面的 Main 函數是專案的啟動程式，它和 Web
系統的 Startup.cs 的內容有些類似，程式如下：

```
static async Task Main(string[] args)
{
    //1.initial & load BaoCronConfig.json
    IConfiguration configBuild = new ConfigurationBuilder()
        .AddJsonFile("BaoCronConfig.json", optional: true,
```

```
        reloadOnChange: true)
    .Build();


//2.appSettings "FunConfig" section -> _Fun.Config
var config = new ConfigDto();
configBuild.GetSection("FunConfig").Bind(config);
_Fun.Config = config;


//3.setup our DI
var services = new ServiceCollection();


//4.base user info for base component
services.AddSingleton<IBaseUserService, BaseUserService>();


//5.ado.net for mssql
services.AddTransient<DbConnection, SqlConnection>();
services.AddTransient<DbCommand, SqlCommand>();


//6.initial _Fun by mssql
IServiceProvider diBox = services.BuildServiceProvider();
_Fun.Init(false, diBox);


//7.run main
await new MyService().RunAsync();
}
```

程式解說

(1) 初始化並且載入相同目錄下的 BaoCronConfig.json 組態檔。

(2) 把組態檔的 FunConfig 區段內容寫入 _Fun.Config 變數供系統讀取。

(3) 建立 Service Collection。

(4) 設定讀取登入者的基本資料的服務程式，系統的核心程式需要透過這個服務來讀取操作者的基本資料。

(5) 註冊 SqlConnect、SqlCommand 類別，表示所要存取的是 MSSQL 資料庫。

(6) 初始化 _Fun 類別，同時傳入 IServiceProvider 類型變數。

(7) 執行主程式 MyService 的 Run 函數。

另外，BaoCronConfig.json 的內容如下，組態中必須設定連線的 Redis 主機位置，其中 defaultDatabase 是要連結的資料庫號碼，範圍為 0 到 15，預設為 0，它必須與 BaoApi 所寫入的資料庫號碼相同；由於要執行清除資料庫的動作，需要管理者的身份，所以同時加上參數 allowAdmin=true：

```
"FunConfig": {
    "SystemName": "BaoCron System",
    "Db": "data source=(localdb)\\mssqllocaldb;initial catalog=Bao;
        integrated security=True;multipleactiveresultsets=True;
```

```
      max pool size=1000;",
   "Locale": "zh-TW",
   "LogSql": "true",
   "LogDebug": "true",
   "Smtp": "",
   "Redis": "127.0.0.1:6379,defaultDatabase=0,allowAdmin=true"
}
```

8-2

程式內容

MyService.cs 裡面的 RunAsync 函數是這個排程功能的執行內容，
程式如下：

```csharp
public async Task RunAsync()
{
    const string preLog = "BaoCron: ";
    await _Log.InfoAsync(preLog + "Start.");

    #region 1.清除 Redis Cache
    var info = "";
    await _Redis.FlushDbAsync();
    #endregion

    #region 尋寶遊戲上下架
```

```
        await using (var db = new Db())
        {
                //2. 遊戲下架
                var today = DateTime.Today;
                var tmr = today.AddDays(1);
                var sql = $@"
update dbo.Bao set
    LaunchStatus='{LaunchStatusEstr.Over}',
    Revised=getdate()
where LaunchStatus='{LaunchStatusEstr.Yes}'
and EndTime < getdate()
and Status=1";
                var count = await db.ExecSqlAsync(sql);
                await _Log.InfoAsync("下架 Bao 筆數: " + count);


                //3. 遊戲上架
                sql = $@"
update dbo.Bao set
    LaunchStatus='{LaunchStatusEstr.Yes}',
    Revised=getdate()
where LaunchStatus='{LaunchStatusEstr.Doing}'
and StartTime < getdate()
and Status=1";
                count = await db.ExecSqlAsync(sql);
                await _Log.InfoAsync("上架 Bao 筆數: " + count);
        }
        #endregion
```

```
#region close db & log
if (info != "")
    await _Log.InfoAsync(preLog + info);


await _Log.InfoAsync(preLog + "End.");
#endregion
}
```

程式解說

(1) 執行 _Redis.FlushDbAsync 函數來清除 Redis Server。

(2) 將遊戲下架，規則為上架中的遊戲，而且活動結束日期小於
目前的時間，因此這個排程功能必須在半夜 12 點以後才能執
行。

(3) 將遊戲上架，規則為準備上架的遊戲，而且活動開始日期大
於目前的時間。

調整 Bao 資料表的內容來進行這個程式的測試之後，圖 8-2、
8-3 分別為執行 BaoCron 前後 Bao 資料表的內容，在執行後圖
8-3 顯示有兩筆資料被下架、兩筆被上架：

Name	StartTime	EndTime	LaunchStatus
動物園尋寶	2022-02-10 13:00:00.000	2022-03-30 13:00:00.000	1
文湖線尋寶	2022-02-09 13:00:00.000	2022-03-30 13:00:00.000	1
尋寶1	2022-01-21 13:00:00.000	2022-01-30 13:00:00.000	Y
尋寶2	2022-01-22 13:00:00.000	2022-01-30 13:00:00.000	Y
尋寶3	2022-01-23 13:00:00.000	2022-03-30 13:00:00.000	0
尋寶4	2022-01-24 13:00:00.000	2022-03-30 13:00:00.000	0
尋寶5	2022-01-25 13:00:00.000	2022-03-30 13:00:00.000	0

▲ 圖 8-2　執行排程功能之前的 **Bao** 資料表

Name	StartTime	EndTime	LaunchStatus
動物園尋寶	2022-02-10 13:00:00.000	2022-03-30 13:00:00.000	Y
文湖線尋寶	2022-02-09 13:00:00.000	2022-03-30 13:00:00.000	Y
尋寶1	2022-01-21 13:00:00.000	2022-01-30 13:00:00.000	X
尋寶2	2022-01-22 13:00:00.000	2022-01-30 13:00:00.000	X
尋寶3	2022-01-23 13:00:00.000	2022-03-30 13:00:00.000	0
尋寶4	2022-01-24 13:00:00.000	2022-03-30 13:00:00.000	0
尋寶5	2022-01-25 13:00:00.000	2022-03-30 13:00:00.000	0

▲ 圖 8-3　執行排程功能之後的 **Bao** 資料表

另外，檢查 BaoCron/_log 目錄底下的 info 文字檔案，測試執行
的結果，內容如下：

```
06:53:15(0); BaoCron: Start.
06:53:16(0); 下架 Bao 筆數: 2
06:53:16(0); 上架 Bao 筆數: 2
06:53:16(0); BaoCron: End.
```

Note